理系のための微分・積分復習帳

高校の微積分からテイラー展開まで

竹内　淳　著

ブルーバックス

装幀／芦澤泰偉・児崎雅淑
カバーイラスト・もくじ／中山康子
本文図版／さくら工芸社

はじめに

「微分と積分」

この2つは、現代社会を支える様々な科学（物理学や化学から経済学まで）の、いわば根幹をなす数学で、基本的な考え方は高校で学びます。しかし、この微分と積分は、「一度勉強したけれども、いま一つよくわからなかった」とか、「実は苦手なんだ」という方も少なくないと思います。本書は、そういう方を対象として、高校で習う微分と積分を「高校数学の知識があやふやな方が読んでもわかるように」解説することを試みます。

筆者はこれまでに大学の学部レベルの数学と物理学の解説書として、『高校数学でわかる』シリーズなど10冊以上のブルーバックスを出版しました。比較的高度な内容が含まれているにもかかわらず、幸いにして多くの読者からご支持をいただいています。しかし、一部の読者からは「前提となる高校レベルの微積分の知識が十分ではないので、そこを補充する解説書を書いてほしい」というご要望も届いています。本書はそのようなご要望にも沿うよう努力しました。

そして最終章では、他書ではあまり触れられることがない、大学初年級の微積分につながる数学を紹介していま

す。

　それでは、さっそく読み始めてみましょう。微分と積分を学び始めると、そのパズルを解くような論理の構造が、実はとてもおもしろいことに気づくと思います。最初は高校数学の知識があやふやな方でも、本書を読み終えたときには、高校の微積分に加えて、大学初年級につながる数学の知識を身に付けていることでしょう。

もくじ

はじめに *3*

第1章

微分とは、なんだろう？ *10*

秒や分をアルファベットの変数で表す *10*

時速72kmの意味 *11*

クルマの速度は1時間のうちにも変化する *15*

もっと正確な速度、それが微分 *18*

加速度と微分の関係 *21*

比例関係の微分 *23*

2次式の微分 *24*

n次式の微分 *25*

(1-16)式の証明 *27*

定数の微分 *30*

傾きがゼロのところ＝極大または極小 *31*

極大か極小探しの一例——2次関数 *35*

微分可能な関数とは？ *37*

ガリレオ *38*

コラム　2項定理 *41*

第2章

関数の微分のルール *44*

関数の和の微分公式 *44*

関数の積の微分公式 *45*

積の微分公式を使ってみよう　*47*

合成関数の微分公式　*48*

合成関数の微分公式を使ってみよう　*51*

微分の発明者、ニュートン　*53*

コラム　変数を表す記号　*55*

第３章

指数と対数　*57*

関数ってどんなもの？　*57*

指数　*57*

指数をゼロやマイナスの整数に拡張する　*59*

指数を分数や小数に拡張する　*61*

指数関数のグラフ　*63*

減衰する物理量を表すグラフ　*65*

対数　*66*

掛け算の対数　*69*

割り算の対数　*72*

対数を別の底の対数に変える　*72*

自然対数　*74*

logの微分　*76*

指数関数の微分　*78*

城主だったネイピア　*80*

コラム　対数を使った量　*82*

第4章

三角関数 *85*

三角関数 *85*

三平方の定理の証明 *87*

角度の単位はラジアン *88*

$\sin x$ と $\cos x$ のグラフ *91*

三角関数の重要な公式 *92*

三角関数の微分 *95*

$\sin ax$ の微分 *98*

偏微分 *99*

全微分 *100*

もう一人の微分の発明者ライプニッツ *104*

コラム　微積分と物理学1　ニュートン力学 *107*

第5章

積分は微分の逆？ *109*

積分とは？ *109*

等加速度運動の例——物が落ちる過程 *113*

複雑な運動の距離は？ *115*

不定積分 *118*

積分の計算例1——等速度運動の場合 *122*

積分の計算例2——等加速度運動の場合 *123*

不定積分の公式 *125*

関孝和 *127*

コラム　微積分と物理学2　エントロピー *131*

第6章 積分の公式——置換積分と部分積分 *135*

置換積分の公式1——不定積分の場合 *135*

置換積分の公式2——定積分の場合 *137*

置換積分の公式を微分記号の演算で導く *138*

置換積分を使ってみよう! *140*

部分積分の公式 *141*

部分積分の公式はどう使う? *143*

積分の公式 *145*

奇関数と偶関数の積分 *146*

直交座標の積分と極座標の積分 *148*

ガウス積分 *152*

3次元の直交座標から極座標への変換 *156*

線積分 *159*

ベクトルが関わる積分 *160*

18世紀を代表する数学者オイラー *164*

コラム　微積分と物理学3　電磁気学 *169*

第7章 大学につながる数学
　　　──テイラー展開からさらに先へ *171*

テイラー展開 *171*

テイラー展開の例──指数関数 *174*

テイラー展開による近似 *175*

テイラー *178*

虚数の導入 *179*

複素数を座標に表示する方法 *180*

オイラーの公式 *182*

ド・モアブルの定理 *185*

複素指数関数の微分 *188*

波を表すのに便利な虚数 *190*

指数関数のフーリエ変換 *193*

デルタ関数 *198*

複素数の変数による複素関数の微分 *202*

ガウス *205*

コラム　微積分と物理学4　量子力学 *209*

おわりに *212*

参考文献 *214*

付録 *215*

さくいん *220*

第1章　微分とは、なんだろう？

■秒や分をアルファベットの変数で表す

　数学を学ぶ際には、数式が表す実例があるとわかりやすくなります。本書では、微分を理解するための身近な量として、クルマや電車の速度を例にとります。クルマの速度は、普通「時速」で表されます。そこで、わざわざ説明するまでもありませんが、時間を表す単位を確認しておきましょう。

$$1 時間 = 60 分$$
$$1 分 = 60 秒$$

です。この関係から

$$1 時間 = 3,600 秒 \qquad (1\text{-}1)$$

が成り立つことは、もちろんご存知でしょう。

　さて、算数と数学の違いの一つは、これらの量を表すのにアルファベットの記号を使うことです。例えば、アルファベットのhを使って1時間や2時間をh時間と表すことにし、アルファベットのxを使って1秒や2秒をx秒と表す

第1章　微分とは、なんだろう？

ことにします。このhやxは1や2以外の様々な数も表せるので**変数**と呼びます。また、数を表すアルファベットは、斜めに傾けた斜体（イタリック）を使います。これらの記号を使うと(1-1)式で表されるhとxの（数値の）関係は

$$x = 3{,}600 \times h$$

という数式で表されます。この式は、「1時間が3,600秒に等しい」ことを表しています。hやxに数字を入れてみると、この式が正しいことが確認できるでしょう。ここでは掛け算の記号として「×」を使っていますが、数学では代わりに「·」を使うこともあるし、掛け算の記号そのものを省略することもあります。したがって、掛け算の記号に関するこれらのルールを使うと

$$x = 3{,}600 \times h = 3{,}600 \cdot h = 3{,}600h \qquad (1\text{-}2)$$

と表されます（ちなみにコンピューターのプログラミング言語では ＊ を使います）。

■時速72kmの意味

　言うまでもないことですが、クルマや電車のスピードメーターが指す時速36km（キロメートル）とか時速72kmが速度です。これらの表現は普段なにげなく使っていますが、もともとの意味は、「この速度で1時間走ると36km（72km）進む」という意味です。

自動車のスピードメーター
Alamy/PPS通信社

　図1-1のグラフは横軸が秒を単位とする時間を表し、縦軸がm（メートル）を単位とする移動距離を表しています。実線のグラフは1時間後（3,600秒後）に距離72km（72,000m）に達しているので、時速は72kmです。また、破線のグラフは1時間後に距離36kmに達しているので、時速は36kmです。実線と破線のグラフは共に直線であることから、この1時間の間の速度が一定であることがわかります。また、時速72kmの実線のグラフの方が大きく傾いていますが、これを「傾きが大きい」と表現します。このように、速度が大きくなるほどグラフの傾きは大きくなります。この直線で表される関係を**比例関係**と呼びます。

　mを単位とする距離をyで表すことにすると、この2本の直線が表す比例関係は

$$y = 72{,}000\,h \quad （時速72km） \tag{1-3}$$

第1章 微分とは、なんだろう?

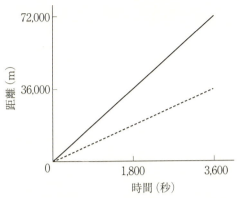

72kmの距離を1時間で走れば時速72kmで、これは秒速20mです。

時速72km＝72km/1時間＝20m/1秒

図1-1　一定の速度で72kmの距離を1時間で走った場合（実線）と、36kmの距離を走った場合（破線）

と

$$y = 36{,}000\,h \quad (時速36\text{km}) \quad (1\text{-}4)$$

の数式で表されます。また、(1-2)式の $x = 3{,}600\,h$ の関係は両辺を3,600で割ると

$$h = \frac{x}{3{,}600}$$

となるので、(1-3)と(1-4)式の h に代入すると、

13

$$y = 20x \qquad (秒速20\,\mathrm{m})$$

と

$$y = 10x \qquad (秒速10\,\mathrm{m})$$

に書き換えられます。xは秒を単位とする時間なので、これらの式は秒速20mと秒速10mであることを表しています。これらの式の10や20を**係数**と呼びます。係数をアルファベットのaで表すことにすると、これらの式は

$$y = ax \qquad\qquad (1\text{-}5)$$

で表されます。係数aの大小によって、グラフの傾きの大小も変わるので、このaを**傾き**とも呼びます。

　このyの値は、変数xの値が変わると変わります。そのことを明確にするために、yを次式のように$f(x)$と表すことにします（エフエックスと読みます）。

$$y = f(x)$$

このようにカッコの中に変数xを書きます。この$f(x)$を変数xの**関数**（英語でfunction：ファンクション）と呼びます。よって(1-5)式は

$$f(x) = ax$$

と書けます。この式では係数aが速度を表します。

■クルマの速度は1時間のうちにも変化する

実際は、クルマや電車は1時間ずっと時速36kmや時速72kmを維持して走り続けるわけではありません。止まっているクルマが動き始めて、結果的に1時間で72km走ったという場合には、一例として図1-2のようなグラフになるでしょう。この図1-2のグラフは、止まっているクルマが動き出すので、最初は速度が遅くて距離はあまり稼げま

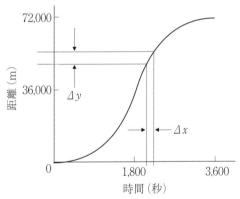

より正しい速度は、もっと短い時間$\varDelta x$あたりに移動した距離の変化$\varDelta y$から求めます。

$$より正しい速度 = \frac{\varDelta y}{\varDelta x}$$

図1-2 停止状態からスタートして、72,000m（72km）を3,600秒（1時間）で走って停止した場合

せんが、1,800秒（30分）後に最高速度に達して、3,600秒（1時間）後には再び停止する場合を示しています。この1時間の間に、クルマのスピードメーターは秒速0m（時速0km）から始まって、やがて秒速20m（時速72km）を超え、再び秒速0mに戻ることになります。

　私たちがクルマのスピードメーターを見ながら「時速36km」とか「時速72km」というふうになにげなく使っている速度（＝距離÷時間）は、1時間かけて測定した速度ではなく、もっと短い時間Δxの間に移動した距離Δyから求めた速度

$$v = \frac{\Delta y}{\Delta x} \qquad (1\text{-}6)$$

です。ここでは速度（velocity：ベロシティ）を表す変数としてvを使い、この短い時間とか、短い距離の「変化」や「差」を表すためにギリシア文字のΔ（デルタ）という記号を使っています。

　例えば、図1-1の実線のグラフの時速72kmの場合では、時間1,800秒と1,801秒の間での距離の変化は36,000mから36,020mになります（すでに見たように秒速20mなので）。よって、(1-6)式のΔyとΔxは、

$$\Delta y = 36{,}020 - 36{,}000 = 20$$
$$\Delta x = 1{,}801 - 1{,}800 = 1$$

です。

第1章 微分とは、なんだろう？

(1-6)式のΔyは、関数$f(x)$を使って書くと、時間が $x+\Delta x$ のときの $f(x+\Delta x)$ と時間がxのときの $f(x)$ の差なので

$$\Delta y \equiv f(x+\Delta x) - f(x)$$

と書けます。この式で使った3本線の等号≡は、「右辺を左辺と等しいと定義する」ことを意味します。この式を使うと(1-6)式は、

$$v = \frac{\Delta y}{\Delta x} = \frac{f(x+\Delta x) - f(x)}{\Delta x} \qquad (1-7)$$

と表せます。

　この短い時間Δxとしては、60秒より10秒の方がよく、10秒よりは1秒の方がスピードメーターの表示としては当然よいでしょう。ドライバーにとっては、60秒前や10秒前の速度がわかるスピードメーターがあったとしても、それは不良品と同じです。その瞬間ごとのクルマの速度が正確にわからないと、スピードメーターとしては使い物にはなりません。このように、私たちが日常生活で接している速度という概念は、実質上、「ある瞬間の速度」を表しています。

　なお、より正確には、物理学では「速度」と「速さ」を区別します。速さは「速度の大きさ」を表す量ですが、速度は「速度の大きさ」に加えて「方向」も表します。本書では、簡単のために一方向に直線的に進む場合のみを考察するので「速度＝速さ」が成り立ちます。

17

■もっと正確な速度、それが微分

　この瞬間速度は、瞬間（まばたきの間）という言葉のように、短い時間で短い距離を割った値です。まばたきの時間はおよそ0.1秒です。例えば、0.1秒間に2mの距離を走ったときの速度は、

$$v = \frac{\varDelta y}{\varDelta x} = \frac{2}{0.1} = 20\,(\mathrm{m/s})$$

となり、秒速20mということになります。物理学の国際的なルールでは、時間の単位としては「秒」を用いることに決まっていて、その際「秒」を表す記号としては英語のsecond（セカンド）の頭文字であるsを用いることになっています。したがって、この速度の単位を表す記号はmをsで割ったm/s（メートル毎秒）になります。

　先ほど見たように速度は(1-6)式 $v = \frac{\varDelta y}{\varDelta x}$ で表せますが、さらに瞬間速度をもっと極限的に短い時間を使って表すことにしましょう。その場合は、極限的に短い時間は、$\varDelta$ の代わりにアルファベットの d を使って dx と表すことにします。また、この時間に移動した距離もアルファベットの d を用いて dy で表すことにします。「差」は英語ではdifference（ディファレンス）ですが、この頭文字の d を使います。したがって、この d を使うと、先ほどの速度を表す(1-6)式は

18

第1章 微分とは、なんだろう？

$$v = \lim_{\Delta x \to 0} \frac{\Delta y}{\Delta x}$$

$$= \frac{dy}{dx} \qquad (1\text{-}8)$$

となります（2行目の右辺の読み方は、「ディーエックス
ぶんのディーワイ」あるいは「ディーワイ　ディーエック
ス」です）。1行目の右辺の記号

$$\lim_{\Delta x \to 0}$$

はΔxがゼロの限界まで（limitまで）無限に近づくことを
意味します。Δとdの違いは、Δは小さいけれどもゼロで
はない有限の大きさを持つのに対して、dは無限に小さい
（無限小である）ということです。ちなみにアルファベッ
トのdのギリシア文字がΔです。また、無限ではない、あ
る一定の大きさを持つことを「有限の大きさを持つ」と表
現します。

　(1-8)式の右辺の「無限に小さい距離dyを無限に小さい
時間dxで割った数」が**微分**です。この式を、日本語では

速度は距離の時間微分である

と表現します。読者の皆さんにとっては耳慣れない表現か
もしれないので、この(1-8)式をながめながら、「速度は距
離の時間微分である」を何回か声に出してみてください。
しっかりと脳の中に刻み込まれることでしょう。

19

このように、瞬間速度は距離の時間微分になっています。これは、別の表現を使うと、「速度」は「ある時間dxあたりの距離の変化dyの割合」を表していると言えます。つまり、微分というのは、ある量の変化の割合を表します。図1-1で、「速度の大小は傾きの大小として表される」ということを見ましたが、言葉を換えて言うと「微分の値の大小は、傾きの大小として表される」ということになります。

微分というと、何か難しいことのように感じる方がいるかもしれませんが、「距離」に対する「速度」が、距離の時間微分に相当します。クルマであれ、電車であれ、スピードメーターは距離の時間微分（＝瞬間速度）を表示しています。すべてのクルマには距離計と速度計がついており、このことからも微分というのが決して難しい特別な概念ではなく、日常生活で慣れ親しんだ概念であることがわかると思います。

次に(1-8)式を(1-7)式を使って表しましょう。すると

$$v = \frac{dy}{dx} = \lim_{\Delta x \to 0} \frac{\Delta y}{\Delta x}$$

$$= \lim_{\Delta x \to 0} \frac{f(x + \Delta x) - f(x)}{\Delta x}$$

となります。yを関数$f(x)$で表すと

$$\frac{dy}{dx} = \frac{df(x)}{dx} = \frac{d}{dx} f(x)$$

第1章　微分とは、なんだろう？

となります。この式の真ん中と右辺の意味は同じですが、右辺のように $f(x)$ を分子から下ろす書き方もよく使われます。

　関数 $f(x)$ を微分した

$$\frac{d}{dx}f(x) = f'(x)$$

を**導関数**と呼びます。微分を表すために、この右辺のように「′」をつける書き方もあります。f' の読み方は、高校では一般に「エフ　ダッシュ」と読みますが、大学では「エフ　プライム」と読みます。

　まとめると、

$$\frac{d}{dx}f(x) = f'(x) = \lim_{\Delta x \to 0} \frac{f(x + \Delta x) - f(x)}{\Delta x} \tag{1-9}$$

となります。この(1-9)式が**微分の定義式**です。

■加速度と微分の関係

　走行中のクルマや電車の速度は一定ではなく、加速したり減速したりして、様々に変化します。この速度の変化の割合を表す物理量を**加速度**と呼びます。クルマの雑誌などに載っている「ゼロヨン加速」は、静止状態からスタートして距離400mを走り抜ける時間を計ります。この時間が短いほど、加速性能が優れたクルマであるということになります。ゼロヨン加速は普通の市販車であれば20秒を切る程度で、スポーツカーだと10秒に近づきます。

物理学での加速度aは、10秒や20秒などよりもっと短い時間Δxの間の速度の変化Δvを、Δxで割った量です。式で書くと

$$a = \frac{\Delta v}{\Delta x}$$

となります。このΔxを限りなく短くしてdxとすると、

$$a = \lim_{\Delta x \to 0} \frac{\Delta v}{\Delta x}$$
$$= \frac{dv}{dx} \qquad (1\text{-}10)$$

となり、前節と同様に微分になります。ここで、加速度をaとしたのは、英語のacceleration（アクセラレーション：車のアクセルの類語）からとっています。この式は、

（瞬間）加速度は、速度の時間微分である

と表現します。

距離、速度、加速度の関係をまとめると

時間微分すると **時間微分すると**
距離 ⟶ 速度 ⟶ 加速度

となります。加速度aは(1-10)式に(1-8)式を代入すると

第1章　微分とは、なんだろう？

$$a = \frac{dv}{dx} = \frac{d}{dx}\frac{dy}{dx} = \frac{d^2y}{dx^2} = \frac{d^2}{dx^2}y = y'' \qquad (1\text{-}11)$$

と書けます。距離yを時間xで2回微分したものが加速度
です。このような微分を**2階微分**（注：漢字は回ではなく
階を使います）と呼び、(1-11)式の中の記号

$$\frac{d^2}{dx^2} \quad や \quad ''$$

で表します。なお3階以上の微分記号も同様に表します。

■比例関係の微分

　さて、微分を表す定義式である(1-9)式が得られたの
で、ここから微分の具体的な計算に入っていきましょう。
まず、比例を表す(1-5)式を微分するとどうなるのか試し
てみましょう。

$$f(x) = ax$$

であり、

$$f(x + \Delta x) = a(x + \Delta x)$$

なので、(1-5)式を(1-9)式の右辺に代入すると、微分（導
関数）は

23

$$\frac{dy}{dx} = \frac{d}{dx}f(x) = \lim_{\Delta x \to 0} \frac{f(x + \Delta x) - f(x)}{\Delta x}$$

$$= \lim_{\Delta x \to 0} \frac{a(x + \Delta x) - ax}{\Delta x}$$

$$= \lim_{\Delta x \to 0} \frac{ax + a\Delta x - ax}{\Delta x}$$

$$= \lim_{\Delta x \to 0} a$$

$$= a \qquad\qquad (1\text{-}12)$$

となります。(1-5)式のように、変数xの掛け算が1回しかない式を1次式と呼び、xの1次式を微分するとこのように傾きaだけが残ります。

■2次式の微分

次に、xの2次式の関数の微分（導関数）がどうなるか見てみましょう。2次というのは、次の式のようにxが2つ掛け算になっているものです（aは係数です）。

$$f(x) = a \times x \times x = ax^2 \qquad\qquad (1\text{-}13)$$

xを複数回掛ける場合には、この式の右辺のように右肩に数字で示します。読み方はエックスのジジョウ（自乗）またはニジョウ（2乗）です。このように、同じ数を複数回掛ける計算を累乗と呼び、この右肩の数を指数と呼びます。また、掛け算に含まれる変数xの個数を次数と呼びます。(1-13)式の次数は2なので、これを2次式と呼びます。

第1章　微分とは、なんだろう？

(1-13)式の微分（導関数）を同様にして求めてみましょう。

$$f(x + \Delta x) = a(x + \Delta x)^2$$

なので、微分は

$$\begin{aligned}
\frac{d}{dx}f(x) &= \lim_{\Delta x \to 0} \frac{f(x + \Delta x) - f(x)}{\Delta x} \\
&= \lim_{\Delta x \to 0} \frac{a(x + \Delta x)^2 - ax^2}{\Delta x} \\
&= \lim_{\Delta x \to 0} \frac{a\{x^2 + 2x\Delta x + (\Delta x)^2\} - ax^2}{\Delta x} \\
&= \lim_{\Delta x \to 0} \frac{2ax\Delta x + a(\Delta x)^2}{\Delta x} \\
&= \lim_{\Delta x \to 0} (2ax + a\Delta x)
\end{aligned}$$

となり、$\Delta x \to 0$ の極限をとるとΔxはゼロになるので、$a\Delta x$もゼロになります。したがって、

$$= 2ax \tag{1-14}$$

となります。

■n次式の微分

xが3次や4次の関数の場合も同様に計算できますが、それを先ほどと同じようにいちいち計算するのは面倒です。実はn次式の微分にはある規則性があります。それは、

25

$$f(x) = ax^n \qquad (1\text{-}15)$$

を微分すると

$$\frac{d}{dx}f(x) = \frac{d}{dx}(ax^n) = anx^{n-1} \qquad (1\text{-}16)$$

になる、という関係です。

ax^nを微分すると　anx^{n-1}になる

つまり、**右肩の指数を係数に下ろし、元の指数から1を引きます。**
　試しに、$n=1$ を代入すると(1-15)式と(1-16)式は

$$f(x) = ax^1 = ax$$

と

$$\frac{d}{dx}f(x) = a \cdot 1x^{1-1} = ax^0$$

となり、このあと第3章で学ぶように $x^0 = 1$ なので

$$\frac{d}{dx}f(x) = a$$

となり、(1-12)式と同じ結果になります。

第1章　微分とは、なんだろう？

また、$n = 2$ を代入すると(1-15)式と(1-16)式は

$$f(x) = ax^2$$

と

$$\frac{d}{dx}f(x) = a \cdot 2x^{2-1} = 2ax$$

となり、(1-14)式と同じ結果になります。

　大学入試では、この(1-16)式は必ず暗記しなければならない公式です。微分の公式は一度覚えてしまえば、(1-12)式や(1-14)式のような計算をいちいちする必要がなくなるので便利です。

■(1-16)式の証明

　この(1-16)式の証明の前提として、次の公式を証明しておきましょう。

$$\frac{d}{dx}\{af(x)\} = a\frac{d}{dx}f(x) \tag{1-17}$$

ここで係数aは定数であり、関数$f(x)$は微分可能な関数です。この式は微分の定義式である(1-9)式を使うと

$$\frac{d}{dx}\{af(x)\} = \lim_{\Delta x \to 0} \frac{af(x + \Delta x) - af(x)}{\Delta x}$$

$$= \lim_{\Delta x \to 0} a\frac{f(x + \Delta x) - f(x)}{\Delta x}$$

27

$$= a\frac{d}{dx}f(x)$$

となり、このように簡単に証明できます。

　続いて(1-16)式を証明してみましょう。この(1-17)式の関係から、(1-16)式の証明では、定数aを除いた

$$\frac{d}{dx}(x^n) = nx^{n-1} \qquad (1\text{-}18)$$

を証明すればよいことがわかります。この左辺に微分の定義式である(1-9)式を使うと

$$\frac{d}{dx}(x^n) = \lim_{\Delta x \to 0}\frac{f(x+\Delta x)-f(x)}{\Delta x}$$
$$= \lim_{\Delta x \to 0}\frac{(x+\Delta x)^n - x^n}{\Delta x} \qquad (1\text{-}19)$$

となります。次に、分子の第1項を展開します。分子の第1項の $(x+\Delta x)^n$ は、$(x+\Delta x)$ をn回掛けたものです。単純な場合として、まず2回の場合を計算してみると

$$(x+\Delta x)^2 = (x+\Delta x)(x+\Delta x)$$
$$= x^2 + x\Delta x + x\Delta x + (\Delta x)^2$$
$$= x^2 + 2x\Delta x + (\Delta x)^2$$

となります。右辺の1行目は $(x+\Delta x)(x+\Delta x)$ で、それぞれのカッコの中からxかΔxのどちらかを拾い上げて、掛け算をしていくわけです。その結果、2行目にあるように

第1章 微分とは、なんだろう？

x^2や$x\Delta x$や$(\Delta x)^2$のような項が生まれます。$x\Delta x$の項は2つあるので、3行目では$2x\Delta x$になっています。

さて、$(x+\Delta x)^n$ も同じように計算します。違いは2つの項の掛け算から、n個の項の掛け算に変わることです。すると

$$(x+\Delta x)^n = (x+\Delta x)(x+\Delta x)\cdots(x+\Delta x)$$
$$= x^n + nx^{n-1}\Delta x + \cdots + nx(\Delta x)^{n-1} + (\Delta x)^n$$

となります。右辺の2行目の最初の項はx^nで、最後の項は$(\Delta x)^n$です。この2つの項の間にはxとΔxの掛け算の項が並んでいます（詳しい導出は、本章末のコラムの2項定理を参照してください）。これを(1-19)式の右辺の分子に代入すると、右辺の第1項のx^nは引かれて消えて

$$(x+\Delta x)^n - x^n = nx^{n-1}\Delta x + \cdots + nx(\Delta x)^{n-1} + (\Delta x)^n$$

となります。よって、(1-19)式の微分は

$$\lim_{\Delta x \to 0} \frac{(x+\Delta x)^n - x^n}{\Delta x} = \lim_{\Delta x \to 0} \frac{nx^{n-1}\Delta x + \cdots + nx(\Delta x)^{n-1} + (\Delta x)^n}{\Delta x}$$
$$= \lim_{\Delta x \to 0} (nx^{n-1} + \cdots + nx(\Delta x)^{n-2} + (\Delta x)^{n-1})$$

となります。右辺の2行目では、第2項より右の項はすべてΔxを含んでいるので、$\Delta x \to 0$ の極限をとるとゼロになります。よって、Δxを含んでいない第1項のnx^{n-1}だけが

29

残るので

$$\frac{d}{dx}(x^n) = nx^{n-1}$$

が得られます。これで証明できました。

■定数の微分

　距離がまったく変化しない場合、すなわち静止している場合の微分も求めてみましょう。その場合は

$$f(x) = c$$

と表せます。右辺の c は定数（英語でconstant：コンスタント）を表し、変化しない一定の数です。距離はずっと c のままなので、時間が x から少しずれた $x + \Delta x$ でも

$$f(x + \Delta x) = c$$

です。よって、微分の定義式の(1-9)式に代入すると

$$f'(x) = \lim_{\Delta x \to 0} \frac{f(x + \Delta x) - f(x)}{\Delta x}$$

$$= \lim_{\Delta x \to 0} \frac{c - c}{\Delta x} = 0 \qquad (1\text{-}20)$$

になります。つまり、定数の微分（＝傾き）はゼロになります。

第1章 微分とは、なんだろう？

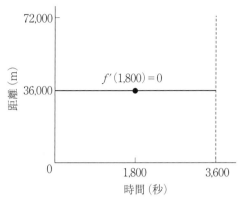

時間0秒の時点で、距離36,000mの位置にいる車が3,600秒まで静止しています。距離が変わらないので傾きはゼロです。

図1-3　時間0秒の時点で、距離36,000mの位置にいる車が3,600秒まで静止している場合のグラフ

　図1-3は、時間0秒の時点で、距離36,000mの位置にいる車が3,600秒間ずっと静止している場合のグラフです。距離が変わらないので傾き$f'(x)$は、時間xが0秒から3,600秒の範囲のどこでもゼロです。

■傾きがゼロのところ＝極大または極小

　傾きがゼロのところでは、この定数の場合のように微分はゼロになります。この関係は、次の図1-4のグラフでも同じです。図1-4では時間ゼロで動き始めた車が、1,800秒に距離36kmに到達したものの、そこから反転して戻ってくる場合を示しています。1,800秒には、図からわかるように、傾きがゼロになっているので、この点での微分

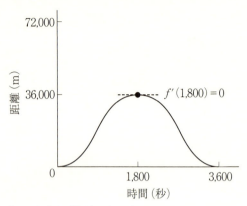

1,800秒での傾き(=微分)$f'(1,800)$はゼロになっています。また、このとき距離は最も大きくなっていますが、この点を極大と呼びます。

図1-4　時間ゼロにスタートして1,800秒に距離36,000mになり、3,600秒にもとの位置に戻って停止する場合

$f'(1,800)$はゼロです。

$$f'(1,800) = 0$$

この1,800秒での距離の値はこのグラフでは最も大きくなっています。このように微分がゼロになっていて、かつある範囲内で最も値が大きくなっているところを**極大**と呼びます。

図1-5は飛行機の高度を縦軸にとり、横軸に時間をとったグラフです。時間ゼロで高度10,000mを飛行していた飛行機が、1,800秒に高度5,000mまで降下し、3,600秒に高度

第1章 微分とは、なんだろう？

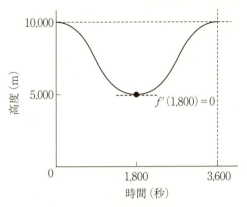

1,800秒での傾き(=微分)$f'(1,800)$はゼロになっています。また、このとき高度は最も小さくなっていますが、この点を極小と呼びます。

図1-5 飛行機が高度10,000mから降下して1,800秒に高度5,000mとなり、3,600秒に10,000mまで上昇する場合

10,000mまで上昇する様子を表しています。このグラフでは、1,800秒後に傾きがゼロになっており、ここで高度は最も下がっています。このように微分がゼロになっていて、かつある範囲内で最も値が小さくなっているところを、極小と呼びます。

この極大や極小は、ある範囲内で値が最も大きくなったり、最も小さくなったりする点を表すので、応用上重要です。例えば、まだ性質がよくわかっていない関数$f(x)$があるとき、極大や極小になるxを見つけるためには、まず微分して傾きがゼロになる点

33

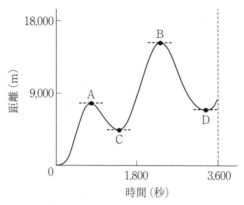

点Aは極大ですが、最大ではありません。点Bは極大であり、かつ最大です。点Cや点Dは極小ですが、最小ではありません。

図1-6 極大や極小が複数ある場合

$$f'(x) = 0$$

を求める、という手法がよく用いられます。

　極大や極小は「ある範囲内で値が最も大きくなるか、最も小さくなり、かつ傾きがゼロになるところ」です。したがって図1-6のように、極大や極小が複数ある場合もあります。極大と極小に似た言葉に**最大**と**最小**がありますが、こちらは文字通り値が最も大きくなるところか、最も小さくなるところです。極大が常に最大であるわけではないことや、極小が常に最小であるわけではないことに注意しましょう。

第1章 微分とは、なんだろう？

■極大か極小探しの一例——２次関数

２次関数は式で書くと

$$f(x) = ax^2 + bx + c \tag{1-21}$$

という関数で、a、b、cは定数の係数です。この右辺のax^2、bx、cのそれぞれを**項**または**単項式**と呼び、右辺のように単項式の和や差で表される式を**多項式**と呼びます。

この２次関数をグラフに書くと、係数aが正の場合には図1-7のようになります。このような曲線を「下に凸」と表現します。aが負の場合には、上下が逆転した「上に凸」の曲線になります。

この２次関数の極大点か極小点を求めてみましょう。極

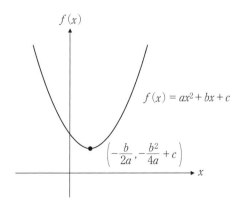

図1-7　下に凸の２次関数

大か極小を求めるためには微分（導関数）がゼロになる点を求めればよいので、まず関数 $f(x)$ の導関数 $f'(x)$ を求めます。すると (1-16) 式を使って

$$\begin{aligned} f'(x) &= \frac{d}{dx}(ax^2 + bx + c) \\ &= 2ax + b \end{aligned}$$

となります。極大か極小となる点では、この傾きがゼロになることから

$$\begin{aligned} f'(x) &= 2ax + b = 0 \\ \therefore\ x &= -\frac{b}{2a} \end{aligned}$$

となり、極大点か極小点の x 座標が求まりました。なお、記号「$\therefore$」は「ゆえに」を意味します。この値を (1-21) 式に代入すると

$$\begin{aligned} f\left(-\frac{b}{2a}\right) &= a\left(-\frac{b}{2a}\right)^2 + b\left(-\frac{b}{2a}\right) + c \\ &= \frac{b^2}{4a} - \frac{b^2}{2a} + c \\ &= -\frac{b^2}{4a} + c \end{aligned}$$

となるので、極大点または極小点の座標 $(x, f(x))$ が

$$\left(-\frac{b}{2a},\ -\frac{b^2}{4a} + c\right)$$

第1章　微分とは、なんだろう？

であることがわかります。この2次関数はaが正の場合には下に凸なので、この点は極小であり、同時に最小であることがわかります。aが負の場合には上に凸のグラフとなり、この点は極大であり、同時に最大になります。

　ところで、「2次関数は何のために勉強するんだろう？」と疑問を抱いている方も多いことでしょう。その理由は、比例関係を表すときに使う1次式の

$$f(x) = ax + b$$

の次にレベルが高い（あるいは簡単な）2次式であること、また、様々な科学分野での応用範囲が広いことにあります。物理学でも、力学や電磁気学、光学など様々な分野で2次式は登場します。しかし、大学で自然科学を学ばない場合は、高校で2次関数を学ぶ理由は生涯謎のままであり続けるのかもしれません。

■微分可能な関数とは？

　微分の定義式の(1-9)式で、Δxがプラス側から近づくか、マイナス側から近づくかで(1-9)式の値が異なる関数もあります。このような関数は「微分可能な関数」とは呼びません。一例は次の関数です。

$$f(x) = |x|$$

この関数は変数xの絶対値を表すので、図1-8のグラフで

37

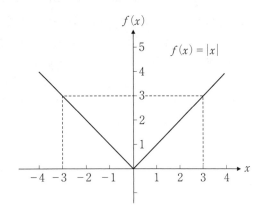

図1-8 x＝0で微分不可の関数

表されます。$x=0$ の点にΔxがプラス側から近づくと微分の値（傾き）は$+1$になり、Δxがマイナス側から近づくと微分の値（傾き）は-1になります。つまり、両者は一致しません。ほかに、微分すると無限大に発散してしまって有限の値にならない関数も微分不可です。

■ガリレオ

　数学の発展に大きな影響を及ぼした学問分野があります。それは物理学です。数学と物理学を結びつけたのは、微積分の登場の約100年前の1564年にイタリアに生まれたガリレオでした。ガリレオの科学上の功績として有名なのは、地球が太陽の周りを回っているという地動説を支持し「それでも地球は回っている」と言ったことや、自作の望遠鏡による月や土星、さらに太陽の黒点の観測、それにピ

第1章 微分とは、なんだろう？

サの斜塔から重い球と軽い球を落として地上に届く時間を比べたことなどです。しかし、ガリレオの業績の中で最も重要なのは、ガリレオが記した次の文が表す概念です。その文は、

宇宙という壮大な書物は数学の言葉で書かれている

というものです。ガリレオが登場するまでは、自然科学の様々な現象については、言葉を使って性質を描写するだけでした。しかし、ガリレオは、物体の運動について時間や距離などの量と量の関係を、数式を使って表そうとしました。数式を使ってこれらの関係を表せるようになれば、計算によってその量を求めることが可能になります。実際にガリレオは、「重力に引かれて落下する物体の落下距離が、時間の2乗に比例する」という第5章で述べる(5-3)式の関係を導いていました。ガリレオは「近代科学の父」と呼ばれています。

さて、本章では微分の最も重要な基礎

ガリレオ

を学び、大いなる第一歩を踏み出しました。本章で身に付けた微分の知識をまとめておきましょう。

---

n階の微分記号

$$\frac{d^n}{dx^n}$$

関数 $f(x)$ の微分（導関数）の定義式

$$\frac{d}{dx}f(x) = f'(x) = \lim_{\Delta x \to 0} \frac{f(x + \Delta x) - f(x)}{\Delta x} \qquad (1\text{-}9)$$

関数 $f(x) = ax^n$ の微分（導関数）

$$\frac{d}{dx}f(x) = \frac{d}{dx}(ax^n) = anx^{n-1} \qquad (1\text{-}16)$$

$af(x)$ の微分

$$\frac{d}{dx}\{af(x)\} = a\frac{d}{dx}f(x) \qquad (1\text{-}17)$$

関数 $f(x) = x^n$ の微分（導関数）

$$\frac{d}{dx}(x^n) = nx^{n-1} \qquad (1\text{-}18)$$

関数 $f(x) = c$（cは定数）の微分（導関数）は 0

$$\frac{d}{dx}f(x) = \frac{d}{dx}c = 0 \qquad (1\text{-}20)$$

第1章 微分とは、なんだろう？

微分可能な関数 $f(x)$ の微分（導関数）が0

$$f'(x) = 0$$

となるx座標では極大または極小になる。

　次章では、微分を自由に操れるように、微分の公式を見ていきましょう。

2項定理

　$(a+b)^n$ の展開について考えてみましょう。簡単な場合として $n=3$ の場合を考えることにします。式で書くと

$$(a+b)^3 = (a+b)(a+b)(a+b)$$

です。この右辺でそれぞれのカッコの中からaまたはbを拾って、掛け算をします。計算してみると、結果は

$$(a+b)(a+b)(a+b) = a^3 + 3a^2b + 3ab^2 + b^3 \quad (1\text{-}22)$$

となります。右辺の各項の係数は、左のカッコからaまたはbを拾い出す**組み合わせ**の数で決まります。左辺のn個の各カッコからbをk個拾い出す組み合わせの数を $_nC_k$ と書くことにします。記号Cは組み合わせを表す英語combinationの頭文字からとっており、コンビネーションと読みます。この

41

組み合わせを表す式は（付録参照）

$$_nC_k = \frac{n!}{k!(n-k)!}$$

です。「!」は階乗を表す記号で、例えば5!は次式のように順番に5以下の整数を1まで掛けます。

$$5! = 5 \times 4 \times 3 \times 2 \times 1$$

また、0!＝1 です。

（1-22）式の各項を順番に見ていくと

a^3 の係数は、左辺の3つの各カッコからいずれも a を拾い出す組み合わせで $_3C_0$ です。この組み合わせは1種類しかないため、1になります。

$$_3C_0 = \frac{3!}{0!(3-0)!} = 1$$

a^2b の係数は、左辺の3つの各カッコから a を2個拾い出し、b を1個拾い出す組み合わせで $_3C_1$ です。この組み合わせは3種類なので、3になります。

$$_3C_1 = \frac{3!}{1!(3-1)!} = 3$$

ab^2 の係数は、左辺の3つの各カッコから a を1個拾い出し b を2個拾い出す組み合わせで $_3C_2$ です。この組み合わせ

第1章　微分とは、なんだろう？

は3種類なので、3になります。

　最後に、b^3の係数は、左辺の3つの各カッコからいずれも a を拾い出さない（b は3個の）組み合わせで $_3C_3$ です。この組み合わせは1種類しかないため、1になります。

　よって、(1-22)式を組み合わせを使って書くと

$$(a+b)(a+b)(a+b) = {}_3C_0a^3 + {}_3C_1a^2b + {}_3C_2ab^2 + {}_3C_3b^3$$
$$= a^3 + 3a^2b + 3ab^2 + b^3$$

となります。この式では $n=3$ で b の個数を k とすると、$a^{n-k}b^k$ を含む項の係数は $_nC_k$ で表され、k は右辺の第1項から 0，1，2，3と増えていきます。よってこれから $n=3$ 以外の場合も $(a+b)^n$ を展開すると

$$(a+b)^n = {}_nC_0a^{n-0}b^0 + {}_nC_1a^{n-1}b^1 + {}_nC_2a^{n-2}b^2 + \cdots$$

$$= \sum_{k=0}^{n} {}_nC_k a^{n-k}b^k$$

になることがわかります。この関係を**2項定理**と呼びます。

43

第2章　関数の微分のルール

■関数の和の微分公式

前章で微分の基本をマスターしました。次は微分の公式を見ていきましょう。

微分にはいくつかの公式があります。これらの公式を覚えておくと、微分を実際に使う場合にたいへん役に立ちます。まず、関数の和の微分の公式に取り組みましょう。

2つの微分可能な関数 $f(x)$ と $g(x)$ があり、それぞれの導関数が $f'(x)$ と $g'(x)$ である場合を考えます。このとき、

2つの関数の和 $f(x) + g(x)$ の微分 $\{f(x) + g(x)\}'$ は $f'(x) + g'(x)$ である

というのが、**関数の和の微分公式**です。式で書くと

$$\{f(x) + g(x)\}' = f'(x) + g'(x) \tag{2-1}$$

となります。左辺の記号 $\{\ \}'$ は微分 $\dfrac{d}{dx}\{\ \}$ を表します。

この (2-1) 式を証明してみましょう。まず、関数の和の微分の定義は、(1-9) 式から $x + \varDelta x$ と x での $\{f(x) + g(x)\}$

第2章　関数の微分のルール

の差を Δx で割り $\Delta x \to 0$ の極限をとったものなので

$$\{f(x) + g(x)\}' = \lim_{\Delta x \to 0} \frac{\{f(x + \Delta x) + g(x + \Delta x)\} - \{f(x) + g(x)\}}{\Delta x}$$

です。この分子を並び替えて整理すると

$$= \lim_{\Delta x \to 0} \frac{f(x + \Delta x) - f(x) + g(x + \Delta x) - g(x)}{\Delta x}$$

$$= \lim_{\Delta x \to 0} \frac{f(x + \Delta x) - f(x)}{\Delta x} + \lim_{\Delta x \to 0} \frac{g(x + \Delta x) - g(x)}{\Delta x}$$

$$= f'(x) + g'(x)$$

となります。よって、(2-1)式の関数の和の微分公式が証明されました。

■関数の積の微分公式

　次に関数の積の微分公式を見てみましょう。前節と同様に、2つの微分可能な関数 $f(x)$ と $g(x)$ があり、それぞれの導関数が $f'(x)$ と $g'(x)$ である場合を考えます。このとき、

　　2つの関数の積 $f(x)g(x)$ の 微分 $\{f(x)g(x)\}'$ は $f'(x)g(x) + f(x)g'(x)$ である

というのが、**関数の積の微分公式**です。式で書くと

$$\{f(x)g(x)\}' = f'(x)g(x) + f(x)g'(x) \qquad (2\text{-}2)$$

となります。

　これを証明してみましょう。まず、積の関数の微分の定義は(1-9)式から $x+\Delta x$ と x での $f(x)g(x)$ の差を Δx で割り $\Delta x \to 0$ の極限をとったものなので

$$\{f(x)g(x)\}' = \lim_{\Delta x \to 0} \frac{f(x+\Delta x)g(x+\Delta x) - f(x)g(x)}{\Delta x}$$

となります。

　ここで、分子に

$$f(x+\Delta x)g(x) - f(x+\Delta x)g(x)$$

という項を加えます。この第1項と第2項は正負が逆なので、計算するとゼロになります。$\Delta x \to 0$ の極限をとっても、もちろんゼロです。ゼロを右辺の分子に加えても等しいので

$$\begin{aligned}\{f(x)g(x)\}' = &\lim_{\Delta x \to 0} \frac{f(x+\Delta x)g(x+\Delta x) - f(x+\Delta x)g(x)}{\Delta x} \\ &+ \lim_{\Delta x \to 0} \frac{f(x+\Delta x)g(x) - f(x)g(x)}{\Delta x}\end{aligned}$$

となります。これを整理すると

$$\begin{aligned}= &\lim_{\Delta x \to 0} \frac{f(x+\Delta x)\{g(x+\Delta x) - g(x)\}}{\Delta x} \\ &+ \lim_{\Delta x \to 0} \frac{\{f(x+\Delta x) - f(x)\}g(x)}{\Delta x}\end{aligned}$$

第2章　関数の微分のルール

となり、さらに整理すると

$$= \lim_{\Delta x \to 0} f(x + \Delta x) \frac{g(x + \Delta x) - g(x)}{\Delta x}$$
$$+ \lim_{\Delta x \to 0} \frac{f(x + \Delta x) - f(x)}{\Delta x} g(x)$$

となります。微分の定義式である(1-9)式や

$$\lim_{\Delta x \to 0} f(x + \Delta x) = f(x)$$

の関係を使うと

$$= f(x)g'(x) + f'(x)g(x)$$
$$= f'(x)g(x) + f(x)g'(x)$$

となります。よって、(2-2)式の関数の積の微分公式が導かれました。

■積の微分公式を使ってみよう

　(2-2)式の積の微分公式を使ってみましょう。簡単な例として

$$f(x) = ax, \quad g(x) = bx^3$$

の場合の$f(x)g(x)$の微分を考えてみましょう。積の微分公

47

式である(2-2)式を使うと

$$\{f(x)g(x)\}' = f'(x)g(x) + f(x)g'(x)$$
$$= (ax)'bx^3 + ax(bx^3)'$$
$$= abx^3 + ax(3bx^2)$$
$$= 4abx^3$$

となり、微分が求められました。

一方で、

$$f(x)g(x) = ax \times bx^3 = abx^4$$

であり、abは定数なので、微分公式の(1-16)式を使うと

$$\{f(x)g(x)\}' = \{abx^4\}' = 4abx^3$$

となります。このように、計算結果はどちらの求め方でも
同じです。

■合成関数の微分公式

次に合成関数の微分公式を見てみましょう。合成関数と
いうのは、変数がuである関数

$$y = f(u) \tag{2-3}$$

があるとして、その変数uが別の変数xの関数

48

第2章　関数の微分のルール

$$u = g(x) \tag{2-4}$$

である場合です。文章で書くとこのように少し長くなりますが、式で書くと簡単で、(2-3)式に(2-4)式を代入して

$$y = f(u) = f(g(x))$$

となります。この右辺のように、2つの関数が合成されています。この合成関数を構成する関数 $f(u)$ と $g(x)$ が微分可能であり、それぞれの導関数が $f'(u)$ と $g'(x)$ であるとします。このとき、変数 x で関数 $f(g(x))$ を微分した場合に

$$\frac{dy}{dx} = \frac{d}{dx} f(g(x)) = \frac{d}{dx} g(x) \times \frac{d}{du} f(u)$$

$$= \frac{d}{dx} g(x) \frac{d}{du} f(u)$$

$$= \frac{du}{dx} \cdot \frac{dy}{du} = g'(x) f'(u) \tag{2-5}$$

となるというのが**合成関数の微分公式**です。右辺の3行の式では、それぞれの書き方は少しずつ異なっていますが、式の中身は同じです。右辺の1行目でわざと掛け算の記号に×を使っているのは、初めてこの式を見た方の混乱を避けるためです。

　この公式を求めてみましょう。これまでと同様に、微分の定義式の(1-9)式で考えると $f(g(x))$ の導関数は

49

$$\frac{d}{dx}f(g(x)) = \lim_{\Delta x \to 0}\frac{f(g(x+\Delta x)) - f(g(x))}{\Delta x} \quad (2\text{-}6)$$

です。わざわざ言うまでもありませんが、このとき関数 $g(x)$ の位置 $x+\Delta x$ での値は $g(x+\Delta x)$ であり、関数 $g(x)$ の位置 x での値は $g(x)$ です。$g(x+\Delta x)$ と $g(x)$ の値の差を次式のように Δu と定義します。

$$\Delta u \equiv g(x+\Delta x) - g(x) \quad (2\text{-}7)$$

この式を変形すると

$$g(x+\Delta x) = g(x) + \Delta u$$

なので、(2-6)式右辺の分子の第1項にこれを代入すると

$$\frac{d}{dx}f(g(x)) = \lim_{\Delta x \to 0}\frac{f(g(x+\Delta x)) - f(g(x))}{\Delta x}$$

$$= \lim_{\Delta x \to 0}\frac{f(g(x) + \Delta u) - f(g(x))}{\Delta x}$$

となります。これに $\dfrac{\Delta u}{\Delta u} = 1$ を掛けても値は変わらないので

$$= \lim_{\Delta x \to 0}\left\{\frac{\Delta u}{\Delta u} \times \frac{f(g(x) + \Delta u) - f(g(x))}{\Delta x}\right\}$$

第2章　関数の微分のルール

となります。次に分母のΔxとΔuを交換し、(2-4)式の $u = g(x)$ を使うと

$$= \lim_{\Delta x \to 0} \left\{ \frac{\Delta u}{\Delta x} \times \frac{f(u + \Delta u) - f(u)}{\Delta u} \right\}$$

となります。さらに、$\dfrac{\Delta u}{\Delta x}$の分子の$\Delta u$に(2-7)式を代入すると

$$= \lim_{\Delta x \to 0} \left\{ \frac{g(x + \Delta x) - g(x)}{\Delta x} \times \frac{f(u + \Delta u) - f(u)}{\Delta u} \right\}$$

となります。(2-7)式で $\Delta x \to 0$ の場合には $\Delta u \to 0$ となることがわかります。よって、

$$= \lim_{\Delta x \to 0} \frac{g(x + \Delta x) - g(x)}{\Delta x} \times \lim_{\Delta u \to 0} \frac{f(u + \Delta u) - f(u)}{\Delta u}$$

となります。これに微分の定義式(1-9)式を使うと

$$= \frac{d}{dx} g(x) \frac{d}{du} f(u) = \frac{du}{dx} \cdot \frac{dy}{du}$$

となります。これで合成関数の微分公式が証明できました。

■合成関数の微分公式を使ってみよう

　合成関数の微分を練習してみましょう。一例として

51

$$f(x) = b(x-a)^2 \text{ を } x \text{ で微分する}$$

場合を考えましょう。この場合は、

$$u = g(x) \equiv x - a$$

とおくと

$$f(x) = f(u) = bu^2$$

になります。よって、合成関数の微分公式を使うと

$$\frac{d}{dx}f(x) = \frac{d}{dx}\{b(x-a)^2\}$$
$$= \frac{d}{dx}g(x) \cdot \frac{d}{du}(bu^2)$$

となり、このとき

$$\frac{d}{dx}g(x) = \frac{d}{dx}(x-a) = 1 \quad \text{と} \quad \frac{d}{du}(bu^2) = 2bu$$

なので、

$$\frac{d}{dx}f(x) = 2bu$$
$$= 2b(x-a)$$

となります。

第2章 関数の微分のルール

■微分の発明者、ニュートン

本章で見てきた微分の発明者は、イギリスのニュートン
（1642～1727）とドイツのライプニッツ（1646～1716）で
す。

ニュートンは1642年に、ロンドンからほぼ真北に120km
ほど離れた田園地帯の村に生まれました。ニュートンが生
まれる3ヵ月前にすでに父が亡くなっており、ニュートン
が3歳の時に母は近くの村の牧師と再婚しました。このた
めニュートンは10歳まで母親と離れて祖母のもとで育ちま
した。親類の援助を得ながらニュートンは学校に通い、
1661年にケンブリッジ大学のトリニティ・カレッジに入学
しました。ニュートンの生まれた村とロンドンのほぼ中間
地点にケンブリッジは位置します。1665年に学位を得た後
で、都市部で大流行したペストを避けるために1年半の
間、故郷に疎開しました。この間に、微積分や力学、それ
に光学に関する画期的な着想を得ました。この2年間は
「奇跡の諸年（ラテン語でAnni Mirabiles）」と呼ばれてい
ます。なお物理学の世界では、アインシュタインが特殊相
対性理論など3つの論文を発表した1905年も「奇跡の年」
と呼ばれています。

ニュートンは1667年にケンブリッジ大学に戻ると、大学
のポストを得ることができ、1669年に指導教授のバローの
強い推薦によってルーカス教授職に就くことができまし
た。『自然哲学の数学的諸原理（プリンキピア）』を出版し
たのは1687年で、この本によって力学や微積分が広く知ら

53

ニュートン

れるようになりました。

　ニュートンは微積分に加えて、物理学の力学の基礎を築いた科学者としても有名で、ニュートンが打ち立てた力学を**ニュートン力学**と言います。第1章で見たように、「距離」を微分すると「速度」になり、「速度」を微分すると「加速度」になります。必要は発明の母とも言いますが、物体の運動を数式で表す「力学」という学問の構築に、微積分は不可欠の手段でした。高校の物理学では微積分は使いませんが、大学の物理学では微積分は必須です。

　これで関数の微分のルールをマスターしました。思ったより簡単だったのではないでしょうか。本章で習得した公式を以下に記します。

関数の和の微分公式

$$\{f(x)+g(x)\}'=f'(x)+g'(x) \qquad (2\text{-}1)$$

第2章　関数の微分のルール

関数の積の微分公式

$$\{f(x)g(x)\}' = f'(x)g(x) + f(x)g'(x) \qquad (2\text{-}2)$$

合成関数の微分公式

$$\frac{d}{dx}f(g(x)) = \frac{d}{dx}g(x)\frac{d}{du}f(u) = \frac{du}{dx}\cdot\frac{dy}{du} = g'(x)f'(u) \ (2\text{-}5)$$

$$ただし、u = g(x)$$

変数を表す記号

「宇宙という壮大な書物は数学の言葉で書かれている」というガリレオの考えが示すように、物理学では法則は数式で表されると考えます。この数式を表す変数の選び方は、数学と物理学で同じ場合もあるし、異なる場合もあります。アルファベットは26文字もあるので変数を選ぶのに困らないだろう、と思う方も多いと思いますが、実際は足りないのです。

　アルファベットの小文字をすべて書いてみると

$$abcdefghijklmnopqrstuvwxyz$$

となります。このうち変数として最もよく使われるのは、xyz です。また、$f(x)$ のように関数を表す記号としてよく使われるのは、fgh などです。定数の係数を表すためによく使われるのは $abcd$ などで、整数の変数を表すのに使われるのが $hijklmn$ です。残りの $opqrstuvw$ は、変数や関数を表す

55

ために使われ、しばしば r は半径を表し s は面積を表します。
そして d は微分記号に使われ、e は指数関数に使われていま
す。

　物理学では、さらに a は加速度、c は光速、e はエネルギ
ーや電荷、m は質量、p は運動量、t は時間、v は速度を、
それぞれ表します。記号はアルファベットだけでは足りない
ので、本書でも登場するようにギリシア文字もよく使われま
す。

第3章 指数と対数

■関数ってどんなもの？

　小学校の算数では＋－×÷の四則を勉強しますが、中学と高校ではこれに加えて、いくつかの関数を学びます。関数と言っても数は限られていて、5つぐらいです。5つを多いと感じるか、少ないと感じるかは人それぞれだと思いますが、大学入試で覚えなければいけない英単語の数が2000ぐらいあると言われているのに比べると、はるかに少ないことは確かです。本章では、それぞれの関数の性質がどのようなものなのかを理解してから、それぞれの微分（導関数）を見ていくことにしましょう。

■指数

　まず、重要な2つの関数、指数と対数から見ていきましょう。

　第1章で見たように、指数とは以下のような計算で登場します。

$$2 \times 2 \times 2 \times 2 \times 2 = 2^5$$

左辺のような同じ数字の掛け算の場合に、右辺のように、

右肩に小さな字で掛け算をする2の個数を書きます。この右肩の数を**指数**と呼びます。これはまとめ方によって

$$2 \times 2 \times 2 \times 2 \times 2 = 2^1 \times 2^4$$

や

$$2 \times 2 \times 2 \times 2 \times 2 = 2^2 \times 2^3$$

などの、どの書き方でもかまいません。したがって、

$$2^1 \times 2^4 = 2^2 \times 2^3 = 2^5$$

と書くこともできます。この右肩の指数だけに注目すると、次のような足し算が成り立つことがわかります。

$$1 + 4 = 2 + 3 = 5$$

したがって、これを一般化すると、指数には次の公式が成り立ちます（$a \neq 0$ とします）。

$$a^b \times a^c = a^{b+c} \qquad (3\text{-}1)$$

また、次の例の

$$4^6 = 4 \times 4 \times 4 \times 4 \times 4 \times 4$$

第3章 指数と対数

$$= 4^2 \times 4^2 \times 4^2$$
$$= (4^2)^3$$
$$= 4^3 \times 4^3$$
$$= (4^3)^2$$

の関係から

$$(a^b)^c = a^{b \times c} \tag{3-2}$$

の公式が成り立つこともわかります。

■指数をゼロやマイナスの整数に拡張する

　ここまでの指数は正の整数でしたが、これをゼロや負の整数にも拡張できます。まず、(3-1)式で $c=0$ とすると

$$a^b \times a^0 = a^{b+0}$$
$$= a^b$$

となります。a^b で両辺を割ると

$$a^0 = 1 \tag{3-3}$$

が得られます。

　次に負の数への拡張のために、(3-1)式で $b+c$ がゼロになる場合を考えましょう（ただし、$b>0$ とします）。$b+c=0$ から $c=-b$ となるので、(3-1)式は

59

$$a^b \times a^{-b} = a^0$$
$$= 1$$

となります。両辺をa^bで割ると

$$a^{-b} = \frac{1}{a^b}$$

が得られます。bは正の数なので、$-b$は負になります。左辺の「指数が負である数a^{-b}」は、右辺の「分母がa^bである数」と等しいということになります。これで負の指数に拡張できました。

　前式の具体的な例も、2つ見ておきましょう。bに1を入れて、aに10を入れてみると、

$$10^{-1} = \frac{1}{10^1} = \frac{1}{10}$$

になります。また、bに2を入れて、aに6を入れると、

$$6^{-2} = \frac{1}{6^2}$$

になります。

　ちなみに、証明は割愛しますが、n次の関数の微分の公式である(1-16)式

第3章　指数と対数

$$\frac{d}{dx}f(x) = \frac{d}{dx}(ax^n) = anx^{n-1} \qquad (1\text{-}16)$$

は指数nが負でも成り立ちます。

■指数を分数や小数に拡張する

　ここまでの指数は整数でしたが、これを分数に拡張でき
ます。拡張の前提の知識として、まず **累乗根** の知識を身
に付けましょう。第1章で見たように、ある数aとaを掛
けることを2乗または自乗と言います。そしてさらにもう
1つ、**平方**という呼び方もあります。次式

$$b = a^2$$

のように、このa^2がbであったとして、2乗してbになる数
aと$-a$を、**平方根**と呼びます。具体例としては $b=9$ の場
合には、3と-3が9の平方根です。このとき正の平方根
を求める記号を$\sqrt{}$とし、**ルート**と呼びます。式で書くと

$$\sqrt{b} = \sqrt{a^2} = 3$$

になります。負の平方根は

$$-\sqrt{b} = -\sqrt{a^2} = -3$$

です。

61

同様に3乗やn乗に対して、3乗根やn乗根を考えることができます。それぞれの記号は$\sqrt[3]{}$と$\sqrt[n]{}$です。具体例としては $b = 27$ の場合には、3が27の3乗根です。式で書くと

$$\sqrt[3]{27} = 3$$

になります。

　さて、累乗根を理解したので、次に指数の分数への拡張について考えましょう。ここでは、(3-2)式で $b \times c = 1$ の場合を考えます。$b \times c = 1$ から $b = \dfrac{1}{c}$ となるので、(3-2)式は

$$\left(a^{\frac{1}{c}}\right)^c = a^{\frac{1}{c} \times c}$$
$$= a$$

となります。簡単のために $c = 2$ の場合を考えると

$$\left(a^{\frac{1}{2}}\right)^2 = a$$

となります。左辺の2乗を外すために両辺のルートをとると

$$(\text{左辺}) = \sqrt{\left(a^{\frac{1}{2}}\right)^2} = a^{\frac{1}{2}}$$
$$(\text{右辺}) = \sqrt{a}$$

第3章　指数と対数

なので、「左辺＝右辺」の関係から

$$a^{\frac{1}{2}} = \sqrt{a}$$

であることがわかります。つまり、$\frac{1}{2}$ 乗はルートに対応

します。同様にして

$$a^{\frac{1}{n}} = \sqrt[n]{a}$$

も得られます。したがって、$\frac{1}{n}$ 乗はn乗根に等しいことが

わかります。

　なお、$\frac{1}{2} = 0.5$ なので、$a^{\frac{1}{2}}$を$a^{0.5}$と表すこともできます。

同様に、$\frac{1}{n}$ 乗を小数で表すことも可能です。したがって、

指数は分数だけでなく、小数まで拡張されたことになりま

す。

■指数関数のグラフ

　関数 $f(x) = a^x$ を「aを底とする**指数関数**」と呼びます。
このaには先ほどの例の２や４の他にも、様々な数が入り
ます。例えば、GDP（国内総生産）の成長率が年率５％で
あるとき、これが10年続くともとのGDPの何倍になるかは

63

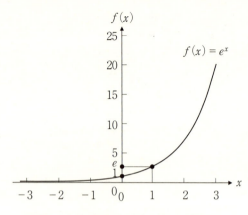

図3-1 指数関数 $f(x)=e^x$ のグラフ

$$1.05^{10} = 1.62\cdots$$

という計算になります。

物理学などの自然科学の分野で最も広く使われている指数関数は、**自然対数の底**または**ネイピア数**と呼ばれる定数

$$e = 2.718281\cdots \qquad (3\text{-}4)$$

を底とする(eについては、本章の後で詳しく説明します)

$$f(x) = e^x \qquad (3\text{-}5)$$

という指数関数です。

この(3-5)式をグラフにしたのが図3-1です。その特徴を

第3章　指数と対数

よく見てみましょう。まず、(3-3)式から $e^0 = 1$ なので、この図の縦軸を横切るときの $f(x)$ の値 $f(0)$ は 1 です。また、$x = 1$ のときは自然対数の底と等しくなり約2.7です。まずこれを頭に入れておきましょう。

次に x 軸のプラス側では e^x は 1 より大きくなり、x が大きくなるにつれて急激に増大します。さらに、x が無限大に近づくと $(x \to \infty)$ プラス無限大に発散します。この急激な増大の様子はしばしば

指数関数的に増大する

と表現されます。一方、マイナス側では 1 より小さくなり、x が小さくなるにつれて減少していき、$x \to -\infty$ ではゼロに収束します。このように x の正負によって「無限大への発散」と「ゼロへの収束」という大きく異なる振る舞いをすることが指数関数の特徴です。

■減衰する物理量を表すグラフ

この指数関数での「指数 x がマイナス側の振る舞い」は、減衰する物理量や減衰する波を表すために

$$f(x) = e^{-\frac{x}{\tau}} \tag{3-6}$$

という形の関数でよく使われます。ここでギリシア文字の τ（タウ）は定数で x が変数ですが、ともに正とします。この関数をグラフにしたのが図3-2で、図3-1の「x がマイ

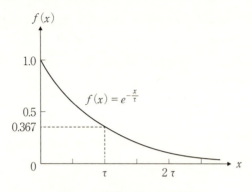

図3-2　指数関数が表す減衰

ナス側の曲線」を左右反転した形をしています。

このグラフの変数 x が時間の場合には、$x = \tau$ の点で

$$f(\tau) = e^{-\frac{\tau}{\tau}} = e^{-1} = \frac{1}{e} = \frac{1}{2.718281\cdots} = 0.3678\cdots$$

となりますが、この τ を**時定数**と呼びます。この図3-2のグラフは、ある種の物質の発光や放射能が減衰する様子を表すことができるので、物理学を含む自然科学では頻出します。また、変数 x が時間ではなく位置の座標を表す場合には、光を吸収する媒質中での光の強度の減衰なども表します。

■対数

指数関数を理解したので、次に対数を学びましょう。対数は大きな数を簡単に表すために生み出されました。例え

第3章　指数と対数

ば、発電量としての1兆ワットをアラビア数字で書くと

$$1,000,000,000,000 ワット$$

となり、0が12個付き、13桁の数値になりますが、これを
指数で表すと

$$10^{12} ワット$$

と簡単化できます。さらに、今後の地球上で必要な発電量
や、そのうち太陽光発電で可能な発電量などを議論すると
きに、この指数（＝桁−1）だけを議論する方がもっと簡
単です。例えば、「10の11乗ワットなのか13乗ワットなの
か」のように。このように11乗とか13乗とかの指数を抜き
出すのが対数（logarithm：ロガリズム）で、記号はlog
（ログ）を使います。例えば、

$$\log 10^{12} = 12$$

と表記します。この式では10の何乗であるかを右辺に記し
ています。この10を**対数の底**と呼び、もとの10^{12}を**真数**と
呼びます。対数の底を明示するために、次のようにlogの
右下に底を小さく書くこともあります。

$$\log_{10} 10^{12} = 12$$

67

一方、10^{12}の右肩の指数の12をこの式の左辺の$\log_{10}10^{12}$で置き換えると、

$$10^{12} = 10^{\log_{10}10^{12}}$$

と書くこともできます。

ここまでに見た対数の関係を一般化すると、真数a（前例では10^{12}）の対数の底がb（前例では10）で対数がc（前例では12）の場合には、

$$\log_b a = c \tag{3-7}$$

と表せますが、同時に指数で表すと

$$a = b^c \tag{3-8}$$

も成り立ち、(3-8)式を(3-7)式のaに代入すると

$$\log_b b^c = c \tag{3-9}$$

も成り立ちます。さらに(3-8)式の右辺のcに(3-7)式の左辺を代入すると

$$a = b^{\log_b a} \tag{3-10}$$

も成り立つことがわかります。

第3章　指数と対数

なお、$b^0 = 1$ なので

$$\log_b 1 = \log_b b^0 = 0 \qquad (3\text{-}11)$$

です。

対数はまた負の値をとることもあります。例えば、

$$\log_{10} 0.1 = \log_{10} \frac{1}{10} = \log_{10} 10^{-1} = -1$$

がその一例です。

■掛け算の対数

ここから対数の計算で成り立つ公式を見ていきましょう。掛け算の対数には面白い関係があります。まず、次式の掛け算が成り立っているとします。

$$m = k \times l \qquad (3\text{-}12)$$

(3-10)式を使うと対数の底を b として

$$m = b^{\log_b m}, \quad k = b^{\log_b k}, \quad l = b^{\log_b l}$$

の関係があるので、これらを(3-12)式に代入すると

$$b^{\log_b m} = b^{\log_b k} \times b^{\log_b l}$$

69

が成り立ちます。ここで、右辺に(3-1)式の関係を使うと

$$b^{\log_b m} = b^{(\log_b k + \log_b l)}$$

が成り立ちます。底を b として両辺の対数をとると（あるいは、この式の左辺と右辺の指数どうしが等しいので）

$$\log_b m = \log_b k + \log_b l$$

が得られます。左辺の m に(3-12)式を代入すると

$$\log_b (kl) = \log_b k + \log_b l \qquad (3\text{-}13)$$

になります。これは、

　　　　（左辺の）**掛け算の対数が、**
　　　　（右辺の）**対数の足し算に等しい**

ことを意味します。四則の中では、足し算の方が掛け算よりずっと簡単なので、この関係は対数の大きな利点になっています。

　(3-13)式を使うと、さらに

$$\log_b a^2 = \log_b (aa) = \log_b a + \log_b a = 2\log_b a$$
$$\log_b a^3 = \log_b (aaa) = \log_b a + \log_b a + \log_b a$$
$$= 3\log_b a$$

第3章 指数と対数

などの関係があることがわかります。この関係を一般化すると

$$\log_b a^n = n \log_b a \qquad (3\text{-}14)$$

になります。また、(3-11)式と(3-13)式の関係を使うと

$$0 = \log_b 1 = \log_b \left(a \times \frac{1}{a} \right)$$
$$= \log_b a + \log_b \frac{1}{a}$$
$$= \log_b a + \log_b a^{-1}$$

が成り立ちます。この式から

$$\log_b a^{-1} = -\log_b a$$

が得られます。よって、(3-14)式は n がマイナスの場合にも成り立つことがわかります。

また、同様に次式の関係から

$$\log_b a = \log_b (\sqrt{a} \times \sqrt{a})$$
$$= \log_b \left(a^{\frac{1}{2}} \times a^{\frac{1}{2}} \right)$$
$$= \log_b a^{\frac{1}{2}} + \log_b a^{\frac{1}{2}}$$
$$= 2 \log_b a^{\frac{1}{2}}$$

71

$$\therefore \log_b a^{\frac{1}{2}} = \frac{1}{2}\log_b a \quad \text{または} \quad \log_b a^{0.5} = 0.5\log_b a$$

が得られます。このように、(3-14)式はnが分数や小数でも成り立つことがわかります。

■割り算の対数

割り算$k \div l$の対数である$\log_b\left(\dfrac{k}{l}\right)$に(3-13)式と(3-14)式を使うと

$$\begin{aligned}
\log_b\left(\frac{k}{l}\right) &= \log_b k + \log_b \frac{1}{l} \\
&= \log_b k + \log_b l^{-1} \\
&= \log_b k - \log_b l \qquad (3\text{-}15)
\end{aligned}$$

が得られます。これは、

（左辺の）**割り算の対数**が、
（右辺の）**対数の引き算に等しい**

ことを意味します。これも対数の重要な性質であり利点です。

■対数を別の底の対数に変える

対数のおもしろい公式を、もう1つ見ておきましょう。それは、

第3章　指数と対数

$$\log_b a = \frac{\log_c a}{\log_c b} \qquad (3\text{-}16)$$

という公式です。これを証明してみましょう。まず、

$$q \equiv \log_b a \qquad (3\text{-}17)$$

とおくと

$$b^q = a$$

の関係が成り立ちます。底をcとする対数を両辺でとると

$$\log_c b^q = \log_c a$$

となり、(3-14)式を左辺に使うと

$$q\log_c b = \log_c a$$

となります。両辺を$\log_c b$で割り、(3-17)式を使うと

$$q = \frac{\log_c a}{\log_c b}$$

$$\therefore \log_b a = \frac{\log_c a}{\log_c b}$$

となり、これで証明できました。

73

この式で $c=a$ の場合も見ておきましょう。この場合は

$$\log_b a = \frac{\log_a a}{\log_a b}$$
$$= \frac{1}{\log_a b} \qquad (3\text{-}18)$$

となり、aとbを置換すると、このようなおもしろい関係が成り立つことがわかります。

■自然対数

ここまでに見た「底が10である対数」を、**常用対数**と呼びます。常用と呼ばれるように、よく使われる対数です。10を底とすると10の何乗であるかがわかるので、工学分野などでよく使われます。

一方で、自然科学の分野全体では、「自然対数の底（ネイピア数）e」を使う対数もよく使われていて、これを**自然対数**と呼びます。

図3-3に自然対数

$$y = f(x) = \log_e x$$

のグラフを示します。

このグラフの特徴は、真数xが 1 より大きい場合と小さい場合で、大きくその振る舞いを変えることです。

まずxが 1 より大きい場合は $\log_e x$ の値はプラスであり、1 より小さい場合はマイナスです。

第3章　指数と対数

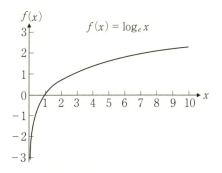

図3-3　自然対数のグラフ

次に、$x=1$ からxが大きい方へ目で追っていくと、yは大きくなるもののゆるやかにしか増加しないことがわかります。$x=10$ でも $y \approx 2.3$ であり、このグラフに描ききれませんが $x=100$ でも $y \approx 4.6$ です。$x=1000$ でも $y \approx 6.9$ です。これは真数xの桁が変わっても、対数の値は大きくは変わらないという性質をよく表しています。なお「$\approx$」は「ほぼ等しい」ことを表します。

ところが、xが1より小さい方へ目で追っていくと、ゼロまでの間に急激に減少していくことがわかります。$x=0.1$ で $y \approx -2.3$、$x=0.01$ で $y \approx -4.6$、$x=0.001$ で $y \approx -6.9$ です。xがゼロに近づくにつれて、yは$-\infty$に発散します。

ただ、よく見るとxが1より大きい場合にはxが1桁増えるごとに自然対数が約2.3ずつ増えていたのに対して、xが1より小さい場合にもxが1桁減るごとに自然対数は約2.3ずつ減っていくので、増減の割合は同じであることに気づきます。xが0に近づくにつれてグラフ上の自然対数

75

が急激に減少するのは、0.1、0.01、0.001のような1桁小さいxの値が、この横軸上では0に近づくにつれて、より稠密に存在するからです。なお、「xがマイナスの場合はない」ということを確認しておきましょう。自然対数のこれらの特徴的な振る舞いを覚えておくと便利です。

自然対数の記号には、$\log_e$以外にlnという記号もよく使われます。なぜlnと書くのかは諸説ありますが、自然対数を英語でnatural logarithm（ナチュラルロガリズム）と呼ぶので、そのnを記号に使っているというのが一つの説です。

■logの微分

さて、いよいよ対数$\log_b x$（$x>0$）の微分を求めてみましょう。微分の定義式(1-9)式を使うと

$$\frac{d}{dx}\log_b x = \lim_{\Delta x \to 0} \frac{\log_b(x+\Delta x) - \log_b x}{\Delta x}$$

$$= \lim_{\Delta x \to 0} \frac{\log_b\left(\frac{x+\Delta x}{x}\right)}{\Delta x}$$

$$= \lim_{\Delta x \to 0} \frac{\log_b\left(1+\frac{\Delta x}{x}\right)}{\Delta x}$$

となります。なお、ここでは(3-15)式を使いました。

次に $t \equiv \dfrac{\Delta x}{x}$ という変数変換を行います。この場合、

76

第3章 指数と対数

$\Delta x \to 0$ のとき $t \to 0$ であり、また、$\Delta x = xt$ です。よって、

$$= \lim_{t \to 0} \frac{1}{xt} \log_b (1 + t)$$

$$= \lim_{t \to 0} \frac{1}{x} \log_b (1 + t)^{\frac{1}{t}} \qquad (3\text{-}19)$$

となります。なお、ここでは(3-14)式を使いました。この式に含まれる $\lim_{t \to 0} (1 + t)^{\frac{1}{t}}$ は次式のように記号 e で表して**自然対数の底**と呼びます。

$$e \equiv \lim_{t \to 0} (1 + t)^{\frac{1}{t}} = 2.7182\cdots$$

この数を、**ネイピア数**や**オイラー数**と呼ぶこともあります。この値が $e = 2.7182\cdots$ に等しいことは、t にとても小さい値、例えば $t = 0.0001$ として関数電卓などで $(1 + t)^{\frac{1}{t}}$ を計算すると、e に近い値が得られることから確かめられます。

この e を使うと、先ほどの(3-19)式の続きは

$$\frac{d}{dx} \log_b x = \lim_{t \to 0} \frac{1}{x} \log_b (1 + t)^{\frac{1}{t}}$$

$$= \frac{1}{x} \log_b e$$

$$= \frac{1}{x \log_e b} \qquad (3\text{-}20)$$

となります。これが**対数の微分公式**です。

　自然対数の微分の場合は、(3-20)式で $b = e$ とおけばよいので

77

$$\frac{d}{dx}\log_e x = \frac{1}{x\log_e e}$$

$$= \frac{1}{x} \qquad (3\text{-}21)$$

になります。

■指数関数の微分

自然対数の微分公式が求められたので、これを使って次の指数関数の微分を求めてみましょう。

$$f(x) = b^x \qquad (3\text{-}22)$$

まず、底 b で両辺の対数をとります。すると

$$\log_b f(x) = \log_b b^x$$

$$= x$$

となります。この両辺を x で微分すると

$$\frac{d}{dx}\log_b f(x) = \frac{dx}{dx}$$

となります。この右辺は当然ですが、

$$\frac{dx}{dx} = 1$$

第3章 指数と対数

となります。一方、左辺は合成関数の微分公式を使って（記述を簡単にするために $f(x)$ を f と書きます）

$$\frac{d}{dx}\log_b f = \frac{df}{dx}\frac{d}{df}\log_b f$$

となります。対数の微分公式である(3-20)式を使うと

$$= \frac{df}{dx}\frac{1}{f\log_e b}$$

となります。よって、「左辺＝右辺」より

$$\frac{df}{dx}\frac{1}{f\log_e b} = 1$$

が得られ、これを整理すると

$$\frac{df}{dx} = f\log_e b$$

が得られます。よって(3-22)式から

$$\frac{d}{dx}b^x = b^x\log_e b \qquad (3\text{-}23)$$

が得られます。これが**指数関数の微分公式**です。

さらに $b = e$ の場合には、

$$\frac{d}{dx}e^x = e^x\log_e e$$
$$= e^x \qquad (3\text{-}24)$$

79

となります。つまり、

自然対数の底 e の指数関数 e^x を微分すると、もとと同じ指数関数 e^x が得られます。

微分しても形が変わらないというのはとてもおもしろい性質です。

■ 城主だったネイピア

対数を生み出したネイピア（1550〜1617）は、イギリスのスコットランドの貴族でした。大きな数の計算を簡単にするために、1594年に対数を生み出しました。本章で見たように、真数と真数の掛け算や割り算は、その対数をとればもっと簡単な足し算や引き算に置き換えられます。これが対数の大きな利点です。ただし、真数から対数を求めるのは電卓のない時代にはたいへんでした。そこで、いちいち対数を計算しなくてもす

ネイピア

第3章　指数と対数

むように、ネイピアは真数から対数を算出し、それを表に
した対数表を作りました。この対数表の作成には、なんと
20年もの年数を費やしました。ネイピアはまた、掛け算や
割り算の計算に用いる「ネイピアの骨」と呼ばれる計算盤
も考案しました。

　ネイピアは、貴族の家に生まれたので領主であり城主で
した。ネイピアが住んでいたマーチストン城は、エジンバ
ラ市の中心に位置するエジンバラ城から南西にわずか2km
たらずの場所に位置しています。城の一部はエジンバラ・
ネイピア大学の構内に今も保存されています。

　これで指数関数と対数をマスターし、その微分公式を理
解しました。それらの重要な公式を以下にまとめます。

指数の公式

$$a^b \times a^c = a^{b+c} \qquad (3\text{-}1)$$

$$(a^b)^c = a^{b \times c} \qquad (3\text{-}2)$$

$$a^0 = 1 \qquad (3\text{-}3)$$

$$a^{-b} = \frac{1}{a^b}$$

$$a^{\frac{1}{n}} = \sqrt[n]{a}$$

対数の公式

$$a = b^{\log_b a} \qquad (3\text{-}10)$$

81

$$\log_b(kl) = \log_b k + \log_b l \qquad (3\text{-}13)$$

$$\log_b a^n = n\log_b a \qquad (3\text{-}14)$$

$$\log_b\left(\frac{k}{l}\right) = \log_b k - \log_b l \qquad (3\text{-}15)$$

$$\log_b a = \frac{\log_c a}{\log_c b} \qquad (3\text{-}16)$$

$$\log_b a = \frac{1}{\log_a b} \qquad (3\text{-}18)$$

自然対数の底、ネイピア数、オイラー数

$$e \equiv \lim_{t \to 0}(1+t)^{\frac{1}{t}} = 2.7182\cdots$$

対数の微分公式

$$\frac{d}{dx}\log_b x = \frac{1}{x}\log_b e = \frac{1}{x\log_e b} \qquad (3\text{-}20)$$

$$\frac{d}{dx}\log_e x = \frac{1}{x} \qquad (3\text{-}21)$$

指数の微分公式

$$\frac{d}{dx}b^x = b^x \log_e b \qquad (3\text{-}23)$$

$$\frac{d}{dx}e^x = e^x \qquad (3\text{-}24)$$

対数を使った量

　対数を使う物理量として比較的よく目にするものとして
は、地震のマグニチュードと、電気や騒音などの計測でのデ

第3章 指数と対数

シベルがあります。マグニチュードは地震の大きさを表す指標ですが、マグニチュードMのエネルギーを$E(M)$と書くことにすると

$$\log_{10}\frac{E(M+1)}{E(M)} = 1.5$$

の関係があります。これを指数に書き直すと

$$\frac{E(M+1)}{E(M)} = 10^{1.5} = 31.62\cdots$$

となるので、マグニチュードが1違うとエネルギーは約32倍違うということになります。

デシベルは何かの基準の量に対する相対値を表す単位です。例えば、比較する電力をP_1とP_2とすると、電力比のデシベルLは

$$L = 10\log_{10}\frac{P_2}{P_1}$$

となります。電力pが電圧vの2乗に比例する回路$(P \propto V^2)$では

$$L = 10\log_{10}\frac{P_2}{P_1} = 10\log_{10}\left(\frac{V_2}{V_1}\right)^2 = 20\log_{10}\frac{V_2}{V_1}$$

となり、電力比のデシベルLを電圧比$\frac{V_2}{V_1}$で表す場合には「電圧比の常用対数の20倍になる」ことに注意しましょう。

音の大きさを音圧（気圧と同じく単位はパスカルです）で測る場合には、音圧レベルL_Sは

$$L_S = 10 \log_{10} \left(\frac{p}{p_0}\right)^2 = 20 \log_{10} \frac{p}{p_0}$$

で定義されています。p_0は基準音圧で20 μPa（マイクロパスカル＝10^{-6}パスカル）です。

第4章 三角関数

■**三角関数**

本章では、三角関数の微分に取り組みましょう。その前に、三角関数とはどのような関数なのかを、まず見てみましょう。

三角関数は、その名前からわかるように三角形と密接に関係しています。図4-1には直角三角形が描かれています。この三角形の底辺の長さをaとし、高さをb、斜辺の長さをrとします。このとき底辺の長さaを斜辺の長さrで

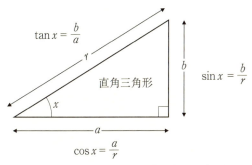

なお、$a^2 + b^2 = r^2$ の関係を三平方の定理と呼びます。

図4-1 三角関数の定義

割った$\dfrac{a}{r}$を**コサイン**と名付け、$\cos x$で表します。ここでxは図4-1の角度です。式では

$$\cos x \equiv \frac{a}{r} \tag{4-1}$$

となります。

また同様に、高さbを斜辺の長さrで割った$\dfrac{b}{r}$を**サイン**と名付け、$\sin x$で表します。式では

$$\sin x \equiv \frac{b}{r} \tag{4-2}$$

となります。

さらに、三角形の高さbを底辺の長さaで割った$\dfrac{b}{a}$を**タンジェント**と名付け、$\tan x$で表します。式では

$$\tan x \equiv \frac{b}{a} \tag{4-3}$$

となります。また、$\tan x$は次式のように(4-3)式に、(4-1)式と(4-2)式の関係を使うと、$\cos x$と$\sin x$を使って表せます。

$$\tan x = \frac{b}{a} = \frac{\dfrac{b}{r}}{\dfrac{a}{r}} = \frac{\sin x}{\cos x} \tag{4-4}$$

第4章 三角関数

■三平方の定理の証明

直角三角形には**三平方の定理**が成り立ちます。三平方の定理は、図4-1の直角三角形で、斜辺の長さをrとし、直角をなす2つの辺の長さをaとbとするときに

$$a^2 + b^2 = r^2 \tag{4-5}$$

の関係が成り立つというものです。最も簡単な証明の1つは、図4-2で面積について考えるものです。図4-2では、4つの直角三角形の斜辺（長さr）で正方形が形作られています。この正方形の面積はr^2です。この正方形の内側には4つの直角三角形と、真ん中に小さな正方形があります。

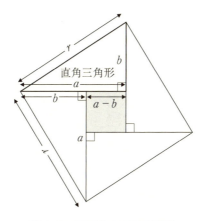

図4-2　三平方の定理の証明

三角形の面積は「底辺×高さ÷2」なので、直角三角形1

つの面積が $\frac{1}{2}ab$ で、4つでは $2ab$ です。また、中心部分

の小さな正方形の面積はこの図からわかるように $(a-b)^2$

です。よって、4つの直角三角形と真ん中の小さな正方形

の面積の和は $2ab+(a-b)^2$ となり、これが正方形の面積

r^2と等しいので、次式が成り立ちます。

$$r^2 = 2ab + (a-b)^2$$
$$= 2ab + a^2 - 2ab + b^2$$
$$= a^2 + b^2$$

よって、三平方の定理が導かれました。なお、三平方の定
理は**ピタゴラスの定理**とも呼ばれます。

■角度の単位はラジアン

　三角関数は角度xの関数です。角度の単位の1つは、直
角を90°（度）とする「°（度）」です。度は英語では
degree（ディグリー）と呼び、「deg」と省略します。角
度の単位にはもう1つあって、それを**ラジアン**と呼びま
す。ラジアンの単位の記号は「rad」で、数学や物理学で
はこのラジアンが主に使われます。

　ラジアンの定義は図4-3のように円の半径をrとし、円弧

の長さをaとするときの$\frac{a}{r}$です。長さを長さで割るので単

位のない量になりますが、このような単位のない量を**無次**

第4章 三角関数

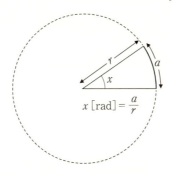

図4-3 ラジアンの定義

元量と呼びます。無次元の量なので、場合によっては単位記号radを省略します。このように半径に対する円弧の長さで角度を定義する方法を、**弧度法**と呼びます。

ラジアンの角度の例をあげると、360度に対応する円弧の長さは、円周になるので、

$$円周 = 直径(2r) \times 円周率(\pi)$$

の関係から円周は$2\pi r$となり、弧度法による角度はこれを半径rで割った値なので、2π radになります。同様に180度に対応する円弧の長さは、円周の半分になるので、180度はπ radになります。

degとradの関係をまとめると、次の表4-1のようになります。例えば、45度は$\frac{\pi}{4}$ radであり、60度は$\frac{\pi}{3}$ radであ

deg	rad
0	0
30	$\frac{\pi}{6}$
45	$\frac{\pi}{4}$
60	$\frac{\pi}{3}$
90	$\frac{\pi}{2}$
180	π
360	2π

表4-1　deg（度）とrad（ラジアン）の関係

り、90度は$\frac{\pi}{2}$ radです。この「度」と「ラジアン」の対応関係は「180度 = π rad」であることを覚えておけば、後は簡単に計算できます。

図4-4は、角度xが$\frac{\pi}{4}$ rad = 45°（左図）と$\frac{\pi}{6}$ rad = 30°

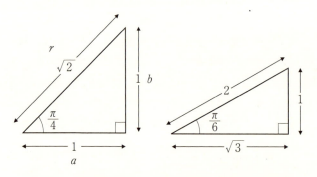

図4-4　代表的な直角三角形の角度と辺の長さの関係

第4章　三角関数

（右図）のときの直角三角形の例です。これらの角度の場合の各辺の長さの比は図4-4のようになり、三平方の定理が成り立っています。角度xが$\frac{\pi}{4}$ rad（45°）や $\frac{\pi}{6}$ rad（30°）のときには図4-4の三角形の例からわかるように

$$\sin \frac{\pi}{4} = \frac{1}{\sqrt{2}}$$

や

$$\sin \frac{\pi}{6} = \frac{1}{2}$$

となります。

　また、$\sin x$は「高さ÷斜辺の長さ」なので、$x = 0$ rad（0°）のときには高さがゼロなので$\sin x$もゼロです。また、$x = \frac{\pi}{2}$（90°）のときには高さと斜辺の長さは同じなので、$\sin x$は1です。

■**$\sin x$と$\cos x$のグラフ**

　この$\sin x$をグラフにしたのが、図4-5の上図です。横軸が角度xを表し、縦軸が$\sin x$を表しています。このグラフの曲線は前節で述べた、$\sin 0 = 0$ や $\sin \frac{\pi}{2} = 1$ の関係を満たしています。

91

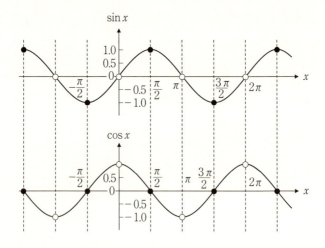

図4-5　sin$x$とcos$x$のグラフ

また、cos$x$をグラフにしたのが図4-5の下図です。サインの場合と同様に考えると、$\cos 0 = 1$ や $\cos \frac{\pi}{2} = 0$ であることがわかりますが、グラフの曲線はこの関係を満たしています。

■三角関数の重要な公式

三角関数の重要な公式を2つ見ておきましょう。まず、1つ目は

$$\cos^2 x + \sin^2 x = 1 \qquad (4\text{-}6)$$

第4章 三角関数

です（なお、$\cos^2 x = \cos x \times \cos x$ で $\sin^2 x = \sin x \times \sin x$ です）。前式の左辺に(4-1)式と(4-2)式を代入した後に、三平方の定理の(4-5)式を使うと

$$\cos^2 x + \sin^2 x = \left(\frac{a}{r}\right)^2 + \left(\frac{b}{r}\right)^2$$

$$= \frac{a^2 + b^2}{r^2}$$

$$= 1$$

となり、(4-6)式が証明できました。

　もう1つは、三角関数の**加法定理**です。加法とは足し算のことです。サイン、コサイン、タンジェントのそれぞれで加法定理が成り立ちますが、ここではコサインの加法定理

$$\cos(x+y) = \cos x \cdot \cos y - \sin x \cdot \sin y \qquad (4\text{-}7)$$

を証明してみましょう。

　図4-6の左図を見てください。斜辺の長さが1で、角度xの直角三角形Aが斜めに配置されています。この三角形の底辺の長さは$\cos x$です。この$\cos x$を斜辺とし、角度yの直角三角形Bをその下に描くと、三角形Bの底辺の長さは、図からわかるように、$\cos x \cdot \cos y$になります。

　さて、この2つの直角三角形の右上に、小さな直角三角形Cがあります。三角形の3つの角度の和はπ rad（180°）

93

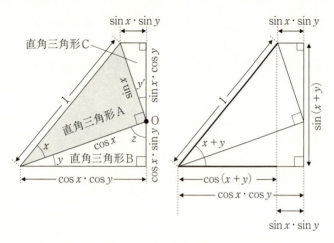

図4-6　加法定理の説明図

なので、直角三角形Bの3つの角度に注目すると

$$\pi = y + z + \frac{\pi}{2}$$

となります。また、点Oのまわりで3つの三角形が成す角は π rad（180°）なので、

$$\pi = z + y' + \frac{\pi}{2}$$

も成り立ちます。この両式はともに π に等しいので、

$$y + z + \frac{\pi}{2} = z + y' + \frac{\pi}{2}$$

第4章 三角関数

が成り立ち、これから

$$y = y'$$

であることがわかります。したがって、直角三角形Cの短い辺の長さは $\sin x \cdot \sin y$ になります。

以上の関係を頭に入れた上で、図4-6の右図を見るとコサインの加法定理の

$$\cos(x+y) = \cos x \cdot \cos y - \sin x \cdot \sin y$$

の関係が成り立っていることがわかります。

同様にして図4-6を使えば、サインの加法定理の

$$\sin(x+y) = \sin x \cdot \cos y + \cos x \cdot \sin y \qquad (4\text{-}8)$$

が成り立っていることも導けます。こちらに関係する辺の長さも図4-6に記載しています。

■三角関数の微分

三角関数を理解したので、続いて三角関数の微分について考えてみましょう。

三角関数の微分は、

サインを微分するとコサインになる

95

という関係と

コサインを微分するとマイナスサインになる

という関係です。それぞれ式で書くと

$$\frac{d}{dx}\sin x = (\sin x)' = \cos x \qquad (4\text{-}9)$$

$$\frac{d}{dx}\cos x = (\cos x)' = -\sin x \qquad (4\text{-}10)$$

となります。

　本書では、数式を使ってこれらの関係を導く代わりに、92ページの図4-5を使って、これらの関係を確認することにしましょう。まず、図4-5の上図のサインのグラフを見てみましょう。このグラフで傾きがゼロになっているのは、$x = \dfrac{\pi}{2}$, $\dfrac{3\pi}{2}$, $\dfrac{5\pi}{2}$, $\cdots$ などの各点です。傾きがゼロになっているので、これらの各点での微分もゼロになっています。サインの微分であるコサインのグラフ（下図）を見ると、たしかにそれらの各点でコサインはゼロになっています。

　また、サインの傾きが（正であり、かつ）最も大きくなっているのは $x = 0$, 2π, $\cdots$ などの点ですが、これらの各点でコサインの値は最大になっています。

　同様に「コサインを微分するとマイナスサインになる」という(4-10)式の関係が成り立っていることも、グラフの

第4章　三角関数

比較からわかります。

　では、タンジェントの微分はどうなるでしょうか。これは、(4-4)式に積の微分公式を使えば求められます。計算してみましょう。

$$\frac{d}{dx}\tan x = \frac{d}{dx}\left(\frac{\sin x}{\cos x}\right) = \frac{d}{dx}\left(\sin x \times \frac{1}{\cos x}\right)$$

これに積の微分公式を使うと

$$= (\sin x)' \frac{1}{\cos x} + \sin x \left(\frac{1}{\cos x}\right)'$$

$$= \cos x \frac{1}{\cos x} + \sin x \left(\frac{1}{\cos x}\right)'$$

$$= 1 + \sin x \left(\frac{1}{\cos x}\right)' \qquad (4\text{-}11)$$

となります。第2項に含まれる$\frac{1}{\cos x}$の微分には、合成関数の微分公式を使います。$u \equiv \cos x$ とおくと

$$\left(\frac{1}{\cos x}\right)' = \frac{d}{dx}\left(\frac{1}{\cos x}\right) = \frac{du}{dx}\frac{d}{du}\left(\frac{1}{u}\right) = \frac{du}{dx}\frac{d}{du}u^{-1}$$

$$= \frac{d}{dx}\cos x\,(-u^{-2}) = (-\sin x)\,(-u^{-2}) = \frac{\sin x}{\cos^2 x}$$

となります。よって、(4-11)式の右辺の第2項に代入すると

$$\frac{d}{dx}\tan x = 1 + \frac{\sin^2 x}{\cos^2 x}$$
$$= \frac{\cos^2 x + \sin^2 x}{\cos^2 x}$$

となり、(4-6)式の $\cos^2 x + \sin^2 x = 1$ を使うと

$$\frac{d}{dx}\tan x = \frac{1}{\cos^2 x} \tag{4-12}$$

となります。これでタンジェントの微分の公式が得られました。

■sin axの微分

三角関数の微分をマスターしたところで、この応用として $\sin 2x$ や $\sin 3x$ を微分すればどうなるかを考えてみましょう。係数の 2 や 3 をまとめて a と書くと、$\sin ax$ の微分を求めればよいということになります。この微分は $u \equiv ax$ とおいて合成関数の微分公式を使えば次のように求められます。

$$\frac{d}{dx}\sin ax = \frac{d}{dx}\sin u = \frac{du}{dx}\frac{d}{du}\sin u$$
$$= \left\{\frac{d}{dx}(ax)\right\}\cos u = a\cos ax$$

したがって、$\sin 3x$ を x で微分すれば、$3\cos 3x$ になります。また、$\cos ax$ の微分も同様にして求められ、

第4章　三角関数

$$\frac{d}{dx}\cos ax = \frac{d}{dx}\cos u = \frac{du}{dx}\frac{d}{du}\cos u$$

$$= -\left\{\frac{d}{dx}(ax)\right\}\sin u = -a\sin ax$$

となります。

■**偏微分**

　これで、三角関数とその微分に関する基礎をマスターしました。本章の最後に、大学の数学で必須の偏微分と全微分も見ておきましょう。

　ここまでは、変数が1つの関数を扱ってきましたが、関数には変数が複数ある場合があります。例えば、変数がxとyの2つある場合の関数は、

$$f(x, y) = axy^2$$

とか

$$g(x, y) = ax + \sin y$$

のように表します。

　2つの変数が独立であるとして、その一方の変数のみで関数を微分することを**偏微分**と呼びます。このとき、もう一方の変数は定数と見なします。独立とは、一方の変数の値を変えても、もう一方の変数の値が変わらないことを意

99

味します。偏微分の記号は、ここまで使っていた微分記号の d とは少し違った ∂ を用います。この記号の読み方は、ラウンディドディー（意味は、丸まったディー）や単なるディーとか数種類あります。

例として、先ほどの2つの関数を変数 y で偏微分してみると

$$\frac{\partial f(x,y)}{\partial y} = \frac{\partial}{\partial y}(axy^2) = 2axy$$

と

$$\frac{\partial g(x,y)}{\partial y} = \frac{\partial}{\partial y}(ax + \sin y) = \cos y$$

になります。

このように偏微分は、「複数の変数がある場合に、そのうちの1つの変数のみに注目して微分すること」を表しているにすぎません。記号が ∂ に変わったからといって、変に恐れを抱かないようにしましょう。

■全微分

偏微分に似た言葉に、**全微分**があります。この全微分も見ておきましょう。

全微分とは、関数が複数の独立な変数によって表されるときに、そのすべての変数をわずかに動かしたときの関数の変化量のことです。例えば、変数が x と y の2つある関数 $f(x,y)$ を考えます。この関数の値を z として

第4章 三角関数

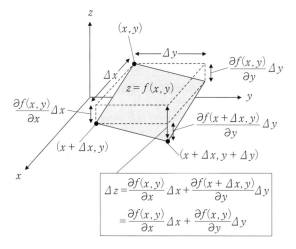

図4-7 全微分

$$z = f(x, y)$$

と書くことにします。xとyを少しずつΔxとΔyだけ動かしたときのzの変化Δzは、図4-7で表されます。この図はx, y, zの3軸からなる直交座標です。

座標(x, y)での偏微分

$$\frac{\partial f(x, y)}{\partial x}$$

は、この座標(x, y)でのx方向の傾きを表しています。したがって、座標(x, y)での関数$f(x, y)$と、そこからΔxだけ

ずれた座標$(x+\Delta x, y)$での関数$f(x+\Delta x, y)$との差は、この傾きにΔxを掛けた

$$\frac{\partial f(x, y)}{\partial x} \Delta x$$

に等しくなります。同様に、座標(x, y)での偏微分

$$\frac{\partial f(x, y)}{\partial y}$$

は、この座標(x, y)でのy方向の傾きを表します。したがって、座標(x, y)での関数$f(x, y)$と、そこからΔyだけずれた座標$(x, y+\Delta y)$での関数$f(x, y+\Delta y)$との差は、この傾きにΔyを掛けた

$$\frac{\partial f(x, y)}{\partial y} \Delta y$$

になります。

　座標(x, y)での関数$f(x, y)$と、そこからΔxとΔyだけずれた座標$(x+\Delta x, y+\Delta y)$での関数$f(x+\Delta x, y+\Delta y)$との差$\Delta z$は、図4-7から座標$(x, y)$での関数$f(x, y)$と、そこから$\Delta x$だけずれた座標$(x+\Delta x, y)$での関数$f(x+\Delta x, y)$との差

$$\frac{\partial f(x, y)}{\partial x} \Delta x$$

と、座標$(x+\Delta x, y)$での関数$f(x+\Delta x, y)$と、そこからΔyだけずれた座標$(x+\Delta x, y+\Delta y)$での関数$f(x+\Delta x, y+\Delta y)$

第4章　三角関数

との差

$$\frac{\partial f(x + \varDelta x, y)}{\partial y} \varDelta y$$

の和で表されることがわかります。この2つの変化を式で
表すと

$$\varDelta z = \frac{\partial f(x, y)}{\partial x} \varDelta x + \frac{\partial f(x + \varDelta x, y)}{\partial y} \varDelta y \qquad (4\text{-}13)$$

となります。

　ここで、$\varDelta x$は非常に小さいので、次のように座標(x, y)
と$(x + \varDelta x, y)$でy方向の傾きは同じと考えていいでしょう。

$$\frac{\partial f(x + \varDelta x, y)}{\partial y} = \frac{\partial f(x, y)}{\partial y}$$

よって、(4-13)式の右辺の第2項に前式を代入して、

$$\varDelta z = \frac{\partial f(x, y)}{\partial x} \varDelta x + \frac{\partial f(x, y)}{\partial y} \varDelta y$$

と表せます。この関係を微分記号で書くと

$$dz = \frac{\partial f(x, y)}{\partial x} dx + \frac{\partial f(x, y)}{\partial y} dy \qquad (4\text{-}14)$$

となります。この関係を**全微分**と呼びます。

103

■もう一人の微分の発明者ライプニッツ

　ライプニッツは、1646年にドイツのライプツィヒに生まれました。父はライプツィヒ大学の教授でしたが、ライプニッツが6歳の時に亡くなりました。ライプニッツは1661年に14歳でライプツィヒ大学に入学しました。1663年に学士論文を書き、1664年に17歳で修士号を、1667年の20歳の時にアルトドルフ大学で法学の博士号を取得しました。1668年から5年間はマインツ選帝侯に仕え、1672年から4年間パリに滞在した後、1676年からカレンベルク侯に仕えました。

　パリ滞在中に、「光は波である」と唱えたオランダのホイヘンス（1629〜1695）などの著名な科学者との交流が活発になり、微積分の着想を得たのは1673年でした。ライプニッツが微分に関する論文である『分数式にも無理式にも煩わされない極大・極小ならびに接線を求める新しい方法、またそれらのための特別

ライプニッツ

第4章　三角関数

な計算法』を発表したのは1684年で、ニュートンが『自然哲学の数学的諸原理』を発表した1687年の3年前でした。

　ニュートンとライプニッツの間には、どちらが先に微分を発明したのかという争いが起こりました。今日では、お互いに独立に微分を生み出したことがわかっています。着想を得た時期はニュートンの方が8年ほど早かったようですが、広く公表したのはライプニッツの方が3年早かったのです。微分と積分の記号の dx や $\int$（インテグラル）などは、ライプニッツの考案です。日本の和算の数学者である関孝和（1642頃〜1708）も微分の概念に到達していたと言われています。

　ライプニッツはベルリン科学アカデミーの設立に努力し、1700年に初代会長になりました。亡くなったのは1716年です。

　本章では、三角関数とその微分に関する知識を身に付けました。以下に本章で学んだ公式をまとめます。

三角関数の公式

$$\cos x = \frac{a}{r} \tag{4-1}$$

$$\sin x = \frac{b}{r} \tag{4-2}$$

$$\tan x = \frac{b}{a} = \frac{\sin x}{\cos x} \tag{4-4}$$

$$a^2 + b^2 = r^2 \quad \text{(三平方の定理)} \qquad (4\text{-}5)$$

$$\cos^2 x + \sin^2 x = 1 \qquad (4\text{-}6)$$

三角関数の加法定理

$$\cos(x + y) = \cos x \cdot \cos y - \sin x \cdot \sin y \qquad (4\text{-}7)$$

$$\sin(x + y) = \sin x \cdot \cos y + \cos x \cdot \sin y \qquad (4\text{-}8)$$

三角関数の微分の公式

$$\frac{d}{dx}\sin x = (\sin x)' = \cos x \qquad (4\text{-}9)$$

$$\frac{d}{dx}\cos x = (\cos x)' = -\sin x \qquad (4\text{-}10)$$

$$\frac{d}{dx}\tan x = (\tan x)' = \frac{1}{\cos^2 x} \qquad (4\text{-}12)$$

全微分

$$dz = \frac{\partial f(x, y)}{\partial x}\, dx + \frac{\partial f(x, y)}{\partial y}\, dy \qquad (4\text{-}14)$$

さて、これで高校の数学で学ぶ微分に関しては基幹をなす知識をほぼすべてマスターしました。高校で学ぶ微分の内容は、教育課程とともに変化することがあるかもしれませんが、本書のここまでの知識をマスターしていれば、それらの変化にも容易に対応できることでしょう。

第4章 三角関数

微積分と物理学1

ニュートン力学

「宇宙という壮大な書物は数学の言葉で書かれている」というガリレオの考え方の継承者が、ニュートンです。ニュートンは物理学における力Fは、質量mと加速度aを用いて

$$F = ma$$

と書けると考え、ニュートン力学を築きました。質量は、地球上ではkg（キログラム）を単位として量られる重量の値と同じです。ここでニュートンが考えた「力」とは、日本語の「力」という単語が持っている様々な意味とは異なる、物理学の「力」です。高校生になって物理を学び始めたときに、多くの学生がつまずくのは、日本語の「力」の広い意味と、物理学の「力」の意味を混同してしまうからです。ニュートンが考え出したこの数式を、**ニュートンの運動方程式**と呼びます。

　ニュートンの運動方程式は、位置xや時間t、速度vを使って書くと

$$F = ma = m\frac{dv}{dt} = m\frac{d^2}{dt^2}x$$

と表せます。したがって、ニュートンの運動方程式は1階の微分方程式であり、また2階の微分方程式でもあります。なお、物理学では時間による微分には次式のようなドットを使った書き方もよく使われています。これはニュートンが考案

107

した微分記号です。

$$m\frac{dv}{dt} = m\dot{v}, \quad m\frac{d^2}{dt^2}x = m\ddot{x}$$

ニュートン力学ではさらに、**運動量**（＝mv）や**エネルギー**（＝$\frac{1}{2}mv^2$）と呼ばれる物理量を定義して、物体の運動を描写します。運動量とエネルギーも、日本語の一般的な概念と物理学での定義が異なるので、学習の際には注意を要します。ニュートンの運動方程式から出発して築き上げられたニュートン力学では、微積分が大活躍しています。ニュートン力学の基礎に関心のある方は、拙著の『物理が苦手になる前に』（岩波ジュニア新書）をお読みください。

第5章　積分は微分の逆？

■積分とは？

　微分の基本をマスターしたので、次に積分の基本もマスターしましょう。微分と同じく、積分も様々な科学にとって不可欠の数学です。これから積分について、着実に理解を進めていきましょう。

　積分とは何かを一言でいうと

微分の逆

です。ここでは積分を理解するために、第1章でも取り上げた距離と速度、そして加速度の関係を例にとります。まず、時速72kmで走っている電車に乗っている場合を考えることにします。この場合に時速72kmで1時間走ったとすると、何km走ったことになるでしょうか。答えは、もちろん簡単で

$$時速72km \times 1時間 = 72km$$

です。物理学の単位の規則に従って、時速を秒速に換えると、1時間は3,600秒なので、

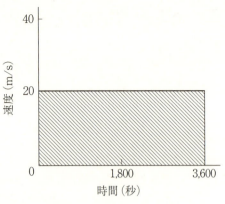

秒速20mで1時間走った距離は、
20 m/s×3,600 s = 72,000 m

図5-1　秒速20m(時速72km)で1時間走った場合

$$20\,\mathrm{m/s} \times 3{,}600\,\mathrm{s} = 72{,}000\,\mathrm{m}$$

と書き直せます。この関係を図5-1に表しました。縦軸が速度で、横軸が時間です。

ここで大事なことは、移動した距離が、

距離 = 速度 × 時間

の関係から、図5-1の斜線を施した面積に相当するということです。例えば、時速72kmで1時間走った場合と、時速144kmで30分走った場合の移動距離は、どちらも同じ72kmであり、この後者の場合を図にすると、距離（面積）

第5章　積分は微分の逆？

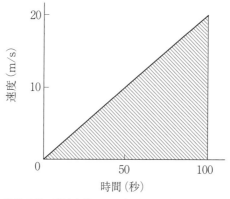

移動距離は斜線を施した三角形の面積になります。

$$\frac{1}{2} \times 20\,\mathrm{m/s} \times 100\,\mathrm{s} = 1{,}000\,\mathrm{m}$$

図5-2　等加速度運動を表すグラフ

は先ほどの場合と同じになります。このような一定の速度の運動を、**等速度運動**と呼び、そのときの移動距離lは、速度vと時間xの掛け算となり、

$$l = vx \qquad (5\text{-}1)$$

となります。

　次に、電車が駅からスタートして一定の速度まで加速する場合を、考えることにしましょう。第1章で見たように、単位時間（通常は1秒）ごとに速度が増えていく割合を、**加速度**と呼びます。図5-2は、電車の速度が秒速0mからスタートして、100秒後に20m/sまで加速する様子を表

しています。このグラフは直線なので加速の割合が一定であることがわかります。この一定の加速度で速度が増えていく運動を、**等加速度運動**と呼び、加速度をaとし、時間をxとすると、速度vは、

$$v = ax \qquad (5\text{-}2)$$

で表されます。100秒間に20m/sまで加速したということは、1秒ごとに速度が0.2m/s増えることを意味します。式で書くと

$$加速度a = \frac{速度の変化}{時間} = \frac{20}{100} = 0.2\,(\mathrm{m/s^2})$$

となります。加速度の単位「m/s^2」は「メートルまいびょうまいびょう」と読みます。

このときの移動距離は、図5-1で理解したように面積になるはずなので、図5-2の三角形の面積（ $=\frac{1}{2} \times$ 底辺 $\times$ 高さ）を計算すればよいことがわかります。したがって、

$$l\,(\mathrm{m}) = \frac{1}{2} \times (100秒後の速度) \times 100\,(\mathrm{s})$$

です。この100秒後の速度は、加速度を使って書くと 0.2m/s^2 $\times$ 100s なので移動距離lは

第5章 積分は微分の逆？

$$l(\mathrm{m}) = \frac{1}{2} \times \{0.2\,(\mathrm{m/s}^2) \times 100\,(\mathrm{s})\} \times 100\,(\mathrm{s})$$
$$= \frac{1}{2} \times 0.2\,(\mathrm{m/s}^2) \times \{100\,(\mathrm{s})\}^2$$

となります。したがって、等加速度運動の加速度をaとし、時間をxとすると、前式からわかるように距離lは一般的に

$$l = \frac{1}{2}a \times x \times x$$
$$= \frac{1}{2}ax^2 \qquad\qquad (5\text{-}3)$$

と表されます。この式は、等加速度運動において、距離を加速度と時間で表す式で、高校の物理学では暗記しておかなくてはいけない重要な式になっています。

■等加速度運動の例──物が落ちる過程

　等加速度運動について具体的な内容の計算をしてみましょう。ここでは、「物が落ちるときの運動」について計算します。

　ニュートンによる万有引力の発見から約350年が経過した現代では、多くの人々が地球上で重力が働いていることを知っています。この重力に引っ張られて物体は落ちるわけですが、しかし、この落下の運動についてまじめに考えたことがある人は少ないかもしれません。この落下運動は

113

基本的には、等加速度運動です。「基本的に」と断ったの
は、落ち始めた初期には等加速度運動であったものが、地
球上では空気の抵抗があるので、やがて等速度運動に変わ
るからです。この重力による加速度は、空気の抵抗のない
真空中で測ると$9.8\,\mathrm{m/s^2}$で加速していくという測定結果が
得られています。つまり、空中でそっと手からボールを離
したとき、下向きの速度は初めゼロですが、1秒後には
$9.8\,\mathrm{m/s}$の速度に達しています。$9.8\,\mathrm{m/s}$というとちょっと
わかりにくいのですが、ほぼ秒速10mなので、時速に直す
と約36kmです。そして、さらに1秒後には時速72kmに達
しているわけです。

　(5-2)式と(5-3)式を使って、落下速度と距離を計算する
と以下のようになります。

時間(s)	速度(m/s)	距離(m)
0	0	0
0.5	4.9	1.2
1.0	9.8	4.9
2.0	19.6	19.6
3.0	29.4	44.1
4.0	39.2	78.4
5.0	49.0	122.5
6.0	58.8	176.4

　3秒後には秒速約30mに達します。これは時速100kmを
超えています。仮に飛行機に乗ってスカイダイビングに挑

第5章　積分は微分の逆？

戦する場合を想定すると、飛行機から飛び出してから6秒後には、落下速度はほぼ時速200kmに達することになります。実際には空気の抵抗があるので、時速200kmに達するにはもう少し長い時間を要しますし、時速200kmぐらいになると空気の抵抗もかなり大きくなり、ほぼ一定の落下速度になるようです。YouTubeなどには、スカイダイビング中にパラシュートを開く前に、複数のスカイダイバーが手をつなぎあったり、複雑なフォーメーションを組んだりする映像がありますが、あの時の落下速度は時速200km前後です。

■複雑な運動の距離は？

　実際のクルマや電車では、等速度運動だけではなく、もっと複雑な運動もします。そういう様々な場合の移動距離を速度から計算する場合を考えてみましょう。仮に1秒ごとの速度だけがわかっていて、その移動距離lを知りたい場合があったとします。その場合は

$$l = （時間0での）速度 \times 1秒$$
$$+ （1秒後の）速度 \times 1秒$$
$$+ （次の1秒後の）速度 \times 1秒$$
$$+ \cdots$$

と足し算を繰り返すことで、だいたいの移動距離がわかることもあるでしょう。しかし、複雑な運動の場合には、もっと正確な0.2秒刻みや0.1秒刻みのような、短い時間Δxご

115

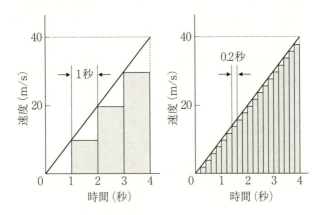

図5-3 1秒ごとに速度を計る場合（左図）と、0.2秒ごとに速度を計って移動距離を求める場合（右図）の比較

との速度を知っておく方がいいわけです。

例えば、前節で述べた重力に引かれて落ちる物体の運動もそうです。等加速度運動の場合の真の移動距離は、図5-2で見たように、等加速度運動を表す直線と時間を表す横軸に挟まれた三角形の面積です。図5-3では1秒ごとに速度を計って移動距離を求める場合（左図）と、0.2秒ごとに速度を計って移動距離を求める場合（右図）を比べています。移動距離 l は、どちらも短冊の面積の和として

$$l = (時間0での)速度 \times \Delta x$$
$$+ (短い時間\Delta x後の)速度 \times \Delta x$$
$$+ (次の短い時間\Delta x後の)速度 \times \Delta x$$
$$+ \cdots$$

第5章 積分は微分の逆？

で求められますが、図5-3の右図の0.2秒刻みの方がグラフの直線との隙間が小さくなって「真の移動距離」に近くなっています。

この式のような和（足し算）をとる計算は、次式のように和を表す記号$\sum$（シグマ）を使って表します。

$$l = \sum (各時間での速度 \times \varDelta x)$$
$$= \sum (v \times \varDelta x)$$
$$= \sum v \varDelta x$$

シグマの場合は、とびとびの時間$\varDelta x$ごとに足し算をするというイメージですが、速度がもっと微妙に変化する場合にも対応できるように、極限的に短い時間間隔dxごとに和をとることにしましょう。この極限的に短い時間間隔dxで和をとることを、**積分**と呼びます。ただし、積分の場合には、$\sum$とは別の記号を使います。積分を表す記号は、アルファベットのSを縦に引き伸ばした記号$\int$（インテグラル）です。したがって、移動距離lを積分を使って表すと、

$$l = \int_{x_1}^{x_2} v \, dx \qquad (5\text{-}4)$$

となります。これを、

117

距離は速度の時間積分である

と表現します。インテグラルの右側についているx_1とx_2は、時間x_1からx_2まで積分することを意味します。このように、積分の範囲を指定する積分を**定積分**と呼びます。

等加速度運動の場合は、速度は(5-2)式で表されるので(5-4)式は

$$l = \int_{x_1}^{x_2} ax\,dx$$

で表されます。この式は図5-2では、(5-2)式で表される関数と横軸(x軸）に挟まれた領域の面積を求めることを意味しています。一般に関数 $y=f(x)$ の定積分は、xを横軸にとりyを縦軸にとるグラフ上では、関数 $y=f(x)$ とx軸に挟まれた領域の面積を求めることに対応します。

■不定積分

積分にはもう1種あり、それを**不定積分**と呼びます。関数$f(x)$の不定積分は

$$\int f(x)\,dx$$

と書き、定積分との違いとしては積分範囲を指定しない（定まっていない）のが特徴です。ここで積分される関数

第5章 積分は微分の逆?

$f(x)$を**被積分関数**と呼びます。

不定積分の理解には、ペアとなる**原始関数**と呼ばれる関数も頭に入れる必要があります。ある関数$F(x)$を微分すると$f(x)$になるとき、この$F(x)$を原始関数と呼びます。式で書くと

$$\frac{d}{dx}F(x) = f(x) \tag{5-5}$$

です。ただし、定数をxで微分するとゼロになるので、$F(x)$に任意の定数Cを加えた $F(x) + C$ を微分しても次式のように$f(x)$になります。

$$\frac{d}{dx}\{F(x) + C\} = f(x) \tag{5-6}$$

この任意の定数Cを**積分定数**と呼びます。不定積分は、この式の逆で

$$f(x) \text{ を与えると } F(x) + C \text{ が求まる}$$

という計算を行うもので、原始関数との関係を表すと

$$\int f(x)\,dx = F(x) + C \tag{5-7}$$

です。

また、積分範囲がx_1からx_2までの定積分と原始関数との

119

関係は

$$\int_{x_1}^{x_2} f(x)\,dx = F(x_2) - F(x_1)$$

というもので、この右辺の計算を次の記号

$$= \left[F(x) \right]_{x_1}^{x_2} \tag{5-8}$$

で表します。

　不定積分と定積分にはいくつもの公式がありますが、そのうち最も簡単なのは以下の公式です。

$$\int a f(x)\,dx = a \int f(x)\,dx \qquad (a は定数) \tag{5-9}$$

これは(1-17)式の$f(x)$を原始関数$F(x)$で置き換え、右辺に(5-6)式の関係を使うと

$$\frac{d}{dx}\{aF(x)\} = a\frac{d}{dx}F(x)$$
$$= af(x)$$

となり、両辺の不定積分をとると

$$\int \frac{d}{dx}\{aF(x)\}\,dx = \int af(x)\,dx$$

第5章　積分は微分の逆？

となることから、この左辺に「$aF(x)$を微分して不定積分をとると$aF(x)$に戻る」という関係に続けて(5-7)式を使うと

$$(左辺) = \int \frac{d}{dx}\{aF(x)\}dx = aF(x) = a\int f(x)\,dx$$

となり（積分定数は割愛しました）、(5-9)式が証明できます。これは、定数の係数はそのまま積分の外に出せるということです。

同様に定積分についても

$$\int_{x_1}^{x_2} af(x)\,dx = a\int_{x_1}^{x_2} f(x)\,dx \qquad (a は定数)$$

が成り立ちます。

また、証明は割愛しますが、微分の和の公式を使って同様に計算すると、以下の2つの公式

$$\int \{f_1(x) \pm f_2(x)\}dx = \int f_1(x)\,dx \pm \int f_2(x)\,dx$$

$$\int_{x_1}^{x_2} \{f_1(x) \pm f_2(x)\}dx = \int_{x_1}^{x_2} f_1(x)\,dx \pm \int_{x_1}^{x_2} f_2(x)\,dx$$

が得られます。

121

■積分の計算例 1 ——等速度運動の場合

　ここで実際に積分を計算してみましょう。最も簡単な場合として、本章の最初に見た、速度が一定の等速度運動を例にとります。速度を v（ただし、等速度運動なのでここでは定数）とし、積分する時間の範囲は $x_1 = 0$ から $x_2 = X$ までとします（よって、$x_2 - x_1 = X$ です）。ちなみにこの場合の移動距離 l は、すでに見た(5-1)式で x を X に置き換えるだけなので

$$l = vX$$

になることがわかっています。

　これを(5-4)式の積分から求めてみましょう。

$$l = \int_{x_1}^{x_2} v \, dx = \int_0^X v \, dx$$

ここで(5-8)式を使うと

$$= \left[F(x) \right]_0^X \tag{5-10}$$

となります。v は定数で、原始関数 $F(x)$ は(5-5)式

$$\frac{d}{dx} F(x) = f(x)$$
$$= v \qquad (v は定数)$$

第5章　積分は微分の逆？

を満たすものなので、これは(1-12)式の微分と意味が同じです。よって、原始関数は

$$F(x) = vx$$

であることがわかり、(5-7)式は

$$\int f(x)\,dx = F(x) + C$$
$$= vx + C$$

と書けます。よって、(5-10)式の続きは

$$l = \left[F(x)\right]_0^X = \left[vx\right]_0^X$$
$$= vX$$

となり、同じ結果が得られました。

■積分の計算例２ ── 等加速度運動の場合

　もう１つの計算例として、加速度が一定の等加速度運動の場合も見ておきましょう。積分する時間の範囲は $x_1 = 0$ から $x_2 = X$ までとします（よって、$x_2 - x_1 = X$ です）。等加速度運動では(5-2)式が成り立ち、その移動距離 l は、(5-3)式で x を X に置き換えるだけなので、$\frac{1}{2}aX^2$ であることが

123

わかっています。

これを先ほどと同様に(5-4)式の積分から求めると、原始関数$F(x)$は(5-5)式

$$\frac{d}{dx}F(x) = f(x)$$
$$= v$$
$$= ax$$

を満たすものなので、これは(1-16)式の微分公式から

$$F(x) = \frac{1}{2}ax^2$$

であることがわかります。よって、(5-7)式は

$$\int f(x)\,dx = F(x) + C$$
$$= \frac{1}{2}ax^2 + C$$

になります。よって、

$$l = \int_0^X ax\,dx = \Big[F(x)\Big]_0^X$$
$$= \Big[\frac{1}{2}ax^2\Big]_0^X = \frac{1}{2}aX^2$$

となり、同じ結果が得られました。

第5章　積分は微分の逆？

■不定積分の公式

　この2つの計算の過程でのキーポイントは、不定積分を求めるところです。(5-6)式と(5-7)式で見たように、微分の逆は不定積分なので、微分の公式から不定積分の公式が導けます。例えば、最もよく使われる微分の公式である(1-16)式を使ってx^{n+1}を微分すると、

$$\frac{d}{dx}x^{n+1} = (n+1)x^n$$

となり、両辺を $n+1$ で割ると

$$\frac{d}{dx}\left(\frac{x^{n+1}}{n+1}\right) = x^n$$

となります。これを不定積分の公式に書き換えると

$$\int x^n \, dx = \frac{x^{n+1}}{n+1} + C \qquad (5\text{-}11)$$

になります。ただし、右辺の分母がゼロになるのは不可なので、$n+1=0$ の場合（すなわち、$n=-1$ の場合）は除きます。

　同様に、指数関数、対数関数、三角関数の不定積分を求めると以下のようになります。

(3-20)式の $\quad \dfrac{d}{dx}\log_b x = \dfrac{1}{x\log_e b} \qquad (x>0)$ から

$$\int \frac{1}{x\log_e b}dx = \log_b x + C$$

(3-21)式の $\quad \dfrac{d}{dx}\log_e x = \dfrac{1}{x} \qquad (x>0)$ から

$$\int \frac{1}{x}dx = \log_e x + C$$

(3-23)式の $\quad \dfrac{d}{dx}b^x = b^x \log_e b \qquad$ から

$$\int b^x \log_e b\, dx = b^x + C$$

$$\therefore \int b^x dx = \frac{b^x}{\log_e b} + C$$

(3-24)式の $\quad \dfrac{d}{dx}e^x = e^x \qquad$ から

$$\int e^x\, dx = e^x + C$$

(4-9)式の $\quad \dfrac{d}{dx}\sin x = \cos x \qquad$ から

$$\int \cos x\, dx = \sin x + C$$

(4-10)式の $\quad \dfrac{d}{dx}\cos x = -\sin x \qquad$ から

$$\int \sin x\, dx = -\cos x + C$$

第5章 積分は微分の逆?

(4-12)式の $\dfrac{d}{dx}\tan x = \dfrac{1}{\cos^2 x}$ から

$$\int \frac{1}{\cos^2 x}\,dx = \tan x + C$$

これらの積分公式は、第3章と第4章の微分の公式を覚えていれば、このように容易に導き出せます。したがって、必ずしも暗記する必要はないとも言えます。ふつうは、手計算でこれらの積分を何度か使っていると、自然と覚えてしまうことが多いでしょう。

■関孝和

　ニュートンやライプニッツとほぼ同時期に微分の概念に到達していたと言われる関孝和は、1642年頃の生まれです。「頃」と書くのは、その生年があいまいだからです。関孝和に関しては青年時代の記録がほとんどなく、詳しいことはわかっていません。関孝和は甲府の徳川綱重と綱豊（後の6代将軍家宣）の2代に仕えました。その仕事は勘定方などです。没後100年近くたった1800年に刊行された『寛政12年関孝和略伝』には次のように書かれています。

「先生の本名は孝和、号は自由（亭）、通称は新助である。姓は関氏、本姓は内山である。両氏は、代々、県官（公儀の役人）として仕えており、先生は、関家を嗣いだ。人となりは、鋭敏で、もっとも数術を好み、長じて大成した。かつて、計算をしていると、先生はまさに6才

127

で、僅かに見ただけで、その差を指摘した。みなは感服
し、成長するにつれ、ますます天文・律暦に精通し、通じ
ないところがなかった。時の算聖である。数十の著作があ
り、門人は数百人であり、書が学ばれ、人が伝わり、生い
茂るようであった。宝永戊子（1708年）10月24日に没し
た」（「関孝和伝記史料再考　一関博物館蔵肖像画・「寛政
12年関孝和略伝」・『断家譜』城地　茂、人間社会学研究集
録、4、pp. 57-75、2008年）

　関孝和の時代は、中国の数学書の輸入によって始まった
日本の数学（和算）が、ようやく独自の道を歩み始めたと
きでした。関孝和が生涯で刊行した書物は『発微算法』の
1冊のみで、没後にまとめられた『括要算法』が1冊あ
り、それ以外の書物は手書きで、弟子達はそれらを写して
後世に伝えました。和算書が出版されるようになると、あ
る和算家が遺した問題（遺題）を別の和算家が解いて出版
するという過程が、繰り返されるようになりました。これ
を**遺題継承**と呼びます。当時の日本の出版は版木を使った
印刷で、図もいっしょに版木に彫り込むことができたので
数学書の出版に適していました。

　関孝和の数学上の業績の中で世界初だったのは「行列
式」です。関心のある方は拙著の『高校数学でわかる線形
代数』をご覧ください。

　孝和の後は、養子の久之が家を継ぎましたが、孝和の没
後27年にして「お家断絶」になりました。このお家断絶の
影響のため、孝和に関する資料はほとんど残っていませ

第5章 積分は微分の逆？

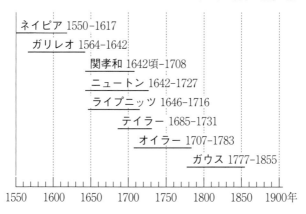

図5-4 本書に登場する主な科学者

ん。また、現在伝わっている関孝和の画像はすべて想像によって描かれたものと考えられています。

孝和が切り開いた数学は、建部賢弘（1664〜1739）ら優れた弟子によって伝承され、発展しました。図5-4からわかるように、関孝和の生年はニュートンやライプニッツとほとんど同じでした。江戸時代の日本の科学において、数学はほぼ唯一、世界の第一線に並んでいた学問分野でした。

本章では積分の基本を身に付けました。積分は微分とは逆の関係にあることが、理解できたと思います。

本章で学んだ積分の知識を以下にまとめます。

不定積分と原始関数 $F(x)$ の関係

$$\int f(x)\,dx = F(x) + C \qquad (5\text{-}7)$$

積分範囲が x_1 から x_2 までの定積分

$$\int_{x_1}^{x_2} f(x)\,dx = \bigl[\,F(x)\,\bigr]_{x_1}^{x_2} = F(x_2) - F(x_1)$$

関数 $f(x)$ の a 倍の積分

$$\int af(x)\,dx = a\int f(x)\,dx \qquad (a\text{は定数}) \qquad (5\text{-}9)$$

$$\int_{x_1}^{x_2} af(x)\,dx = a\int_{x_1}^{x_2} f(x)\,dx \qquad (a\text{は定数})$$

関数の和の積分

$$\int \{f_1(x) \pm f_2(x)\}\,dx = \int f_1(x)\,dx \pm \int f_2(x)\,dx$$

$$\int_{x_1}^{x_2} \{f_1(x) \pm f_2(x)\}\,dx = \int_{x_1}^{x_2} f_1(x)\,dx \pm \int_{x_1}^{x_2} f_2(x)\,dx$$

n 次式の不定積分

第5章　積分は微分の逆？

$$\int x^n \, dx = \frac{x^{n+1}}{n+1} + C \qquad (5\text{-}11)$$

指数や対数の不定積分

$$\int \frac{1}{x \log_e b} \, dx = \log_b x + C$$

$$\int \frac{1}{x} \, dx = \log_e x + C$$

$$\int b^x \, dx = \frac{b^x}{\log_e b} + C$$

$$\int e^x \, dx = e^x + C$$

$$\int \cos x \, dx = \sin x + C$$

$$\int \sin x \, dx = -\cos x + C$$

$$\int \frac{1}{\cos^2 x} \, dx = \tan x + C$$

微積分と物理学2

微積分で表す謎の物理量 —— エントロピー

　ニュートン力学が生まれてから約100年後に、動力を生み出す画期的な機械がイギリスで発明されました。それは蒸気機関です。蒸気機関は石炭を燃やして、生まれた熱を使って動力を取り出します。このような機械を**熱機関**と呼びます。

131

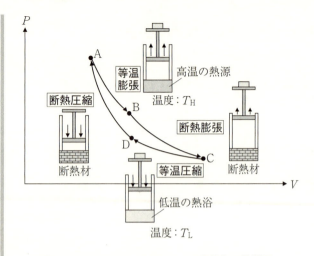

図5-5 カルノーサイクル——理想的な熱機関

この熱機関の働きを理解するにはニュートン力学では不十分で、**熱力学**という学問が生まれました。

図5-5はその熱力学で「理想的な熱機関である」と考えられている**カルノーサイクル**を表しています。このカルノーサイクルの研究から、熱力学の重要な法則が明らかになりました。このグラフの縦軸はシリンダーの中の圧力Pを表し、横軸はシリンダーの容積Vを表すので***P-V*図**と呼ばれています。図中の矢印に従って時計回りに1周する過程で、動力を取り出します。AからBの過程では高温の熱源から熱をもらって、気体が膨張してピストンを押し上げる仕事をします。逆にCからDの過程では、低温の熱浴に接して気体は収縮します。このP-V図上でカルノーサイクルを時計回りに

第5章 積分は微分の逆?

回ると、このA→B→C→D→Aの線に囲まれた部分の面積が、熱機関がした正味の仕事になります。

このカルノーサイクルの中に"ある秘密"を見つけたのは、ドイツのクラウジウス（1822〜1888）でした。クラウジウスは、シリンダー内部の気体が外部とやり取りする熱量をQとすると、その熱量の変化ΔQをそのときの温度Tで割った量 $\dfrac{\Delta Q}{T}$ を、カルノーサイクルの1周にわたって足し算するとゼロになるということを見つけました。したがってカルノーサイクルを1周すると$\dfrac{Q}{T}$ は保存されている（もとの値に戻る）ということになります。これがクラウジウスが見つけた関係です。式で書くと

$$\oint \frac{dQ}{T} = 0 \qquad (5\text{-}12)$$

になります。積分記号$\int$についた○は1周分の閉じたA→B→C→D→Aサイクルの積分を表します。クラウジウスは1865年に、この$\dfrac{Q}{T}$は熱とは異なる何かの変化を表す量ということで、ギリシア語のtropē（変化）を使って**エントロピー**（entropy）と名付けました。このエントロピーは記号Sで表します。式で書くと

133

$$dS = \frac{dQ}{T} \qquad (5\text{-}13)$$

です。エントロピーについては、**エントロピー増大の法則**などの重要な法則が見つかりました。しかし、熱力学の範囲内では、(5-12)式と(5-13)式で特徴づけられる謎の物理量"エントロピー"の深い理解は得られませんでした。

1870年代に入ると、オーストリアのボルツマン（1844〜1906）が次式の**ボルツマンの原理**を導き出しました。ここで、k_Bはボルツマン定数と呼ばれる定数で、Wは状態の「場合の数」を表します。エントロピー S は、（ボルツマン定数 k_B）×（場合の数 W の自然対数）で表されるという関係です。

$$S = k_B \log W$$

この式によって、エントロピーは場合の数と関係づけられることが明らかになりました。ボルツマンが切り開いた新しい物理学の学問分野を、**統計力学**と呼びます。関心のある方は拙著の『高校数学でわかるボルツマンの原理』をご覧ください。

第6章　積分の公式
——置換積分と部分積分

■置換積分の公式1——不定積分の場合

第2章で微分の公式を学びましたが、それに対応する積分の公式があります。本章では、それらの積分の公式を見ていきましょう。これらの公式を身に付けると、積分の力は大いに向上します。

まず、合成関数の微分を思い出してみましょう。(2-5)式の

$$\frac{d}{dx}f(g(x)) = \frac{d}{dx}g(x)\frac{d}{du}f(u) \qquad (2\text{-}5)$$

です。これと関係するのが、**置換積分の公式**です。置換積分の公式には、不定積分のものと定積分のものがありますが、ここでは、不定積分の公式から見ていきましょう。

次式のような、関数$f(x)$の不定積分があるとします。

$$\int f(x)\,dx \qquad (6\text{-}1)$$

この変数xが、次式のように変数tの関数$g(t)$で表される

135

としたとき、

$$x = g(t) \tag{6-2}$$

(6-1)式の積分を変数tの積分に書き換えるのが、置換積分の公式です。

関数$f(x)$と原始関数$F(x)$との関係は(5-7)式と同じで、

$$F(x) + C = \int f(x)\,dx \tag{6-3}$$

です。このCは積分定数です。この関係はまた

$$\frac{d}{dx}F(x) = f(x) \tag{6-4}$$

という関係でもあります。

関数$F(x)$に関して(2-5)式の合成関数の微分公式を使い、(6-4)式も使うと

$$\frac{d}{dt}F(x) = \frac{d}{dt}g(t)\frac{d}{dx}F(x)$$

$$= g'(t)f(x) \tag{6-5}$$

となります。この両辺で変数tの不定積分を求めると

$$左辺 = \int \frac{d}{dt}F(x)\,dt = F(x) = \int f(x)\,dx - C$$

第6章 積分の公式——置換積分と部分積分

$$右辺 = \int f(x)g'(t)\,dt + C'$$

となります。よって、この両辺が等しいので

$$\int f(x)\,dx = \int f(x)g'(t)\,dt \qquad (6\text{-}6)$$

となります（積分定数CとC'は割愛しました）。これが不定積分に関する置換積分の公式です。

■**置換積分の公式２——定積分の場合**

定積分に関する置換積分の公式も導いておきましょう。まず、次式の定積分について考えます。

$$\int_a^b f(x)\,dx \qquad (6\text{-}7)$$

この変数xが、次のような変数tの関数$g(t)$で表されるとしたとき、変数tの積分に書き換えるのが、置換積分の公式です。

$$x = g(t)$$

このとき積分範囲a, bについては、次の関係が成り立っているとしましょう。

$$a = g(p), \quad b = g(q)$$

137

つまり変数xではaからbまでの積分範囲だったものが、変数tではpからqまでの積分範囲に変わります。

先ほどと同様に考えると、(6-5)式が成り立ちます。そこで、(6-5)式の両辺を変数tに関してpからqまで積分します。左辺は、

$$左辺 = \int_p^q \frac{d}{dt}F(x)\,dt = \int_p^q \frac{d}{dt}F(g(t))\,dt$$

$$= \left[F(g(t))\right]_p^q = F(g(q)) - F(g(p))$$

$$= F(b) - F(a) = \int_a^b f(x)\,dx$$

となり、(6-7)式と等しくなります。一方、右辺は、

$$右辺 = \int_p^q f(x)g'(t)\,dt$$

となるので、「左辺＝右辺」の関係から

$$\int_a^b f(x)\,dx = \int_p^q f(x)g'(t)\,dt$$

となり、定積分に関する置換積分の公式が得られました。

■置換積分の公式を微分記号の演算で導く

置換積分の公式は、微分記号を演算して求めることもできます。この方式で不定積分の置換積分の公式を導いてみ

第6章　積分の公式——置換積分と部分積分

ましょう。前々節と同様に、(6-1)式と(6-2)式があるとします。

$$\int f(x)\,dx \tag{6-1}$$

$$x = g(t) \tag{6-2}$$

ここで、(6-1)式に(6-2)式を代入すると

$$\int f(x)\,dx = \int f(g(t))\,dx \tag{6-8}$$

となります。この右辺を変数 x の積分から、変数 t の積分に変えたいわけです。このとき、(6-2)式の両辺を t で微分すると

$$\frac{dx}{dt} = \frac{dg(t)}{dt}$$

$$= g'(t)$$

となります。この微分記号の dx や dt を通常の変数と同じように扱って、左辺に dx が残るように整理します。それには両辺に dt を掛ければよいので

$$dx = g'(t)\,dt \tag{6-9}$$

となります。この(6-9)式を(6-8)式の右辺の dx に代入すると、不定積分に関する置換積分の公式

139

$$\int f(x)\,dx = \int f(g(t))\,dx$$

$$= \int f(g(t))g'(t)\,dt$$

$$= \int f(x)g'(t)\,dt$$

が得られます。同様に、定積分の置換積分の公式も求められます。

　この微分記号の演算によって置換積分を求める方法は、計算が容易なのでよく使われます。

■置換積分を使ってみよう！

　置換積分の公式を理解したところで、この公式を使ってみましょう。使わないと、ありがたみもわかりません。次の積分にトライしてみましょう。

$$\int_0^1 \frac{3}{(1+2x)^2}\,dx \qquad (6\text{-}10)$$

なかなか複雑な形をしています。しかし、置換積分の公式を使えばこの積分が可能です。(6-2)式をどう選べばよいでしょうか。答えは、

$$t \equiv 1 + 2x \qquad (6\text{-}11)$$

とおいて置換積分することです。積分範囲はxが0から1

第6章 積分の公式——置換積分と部分積分

まで動くと、(6-11)式で t が 1 から 3 まで動くことになります。(6-11)式の両辺を x で微分すると

$$\frac{dt}{dx} = 2$$

$$\therefore \ dx = \frac{1}{2}dt$$

となるので、これを(6-10)式の dx に代入し、(6-11)式を使うと

$$\int_0^1 \frac{3}{(1+2x)^2}dx = \int_1^3 \frac{3}{t^2} \ \frac{1}{2}dt$$

$$= \frac{3}{2}\int_1^3 t^{-2}dt$$

となり、(5-11)式を使うと

$$= \frac{3}{2}\left[\frac{t^{-1}}{-1}\right]_1^3 = \frac{3}{2}\left[-t^{-1}\right]_1^3$$

$$= \frac{3}{2}\left(-\frac{1}{3}+\frac{1}{1}\right) = 1$$

となります。

■部分積分の公式

第2章で、関数の積の微分公式の(2-2)式を導きました。

141

$$\{f(x)g(x)\}' = f'(x)g(x) + f(x)g'(x) \qquad (2\text{-}2)$$

この微分の関係を使うと、**部分積分の公式**が導けます。部分積分の公式は、不定積分と定積分の2種類があります。まず、不定積分の部分積分の公式から求めてみましょう。

(2-2)式で左辺に $f'(x)g(x)$ を持ってくると

$$f'(x)g(x) = \{f(x)g(x)\}' - f(x)g'(x) \qquad (6\text{-}12)$$

となります。この両辺の不定積分をとります。すると、

$$\int f'(x)g(x)\,dx = \int \{f(x)g(x)\}'dx - \int f(x)g'(x)\,dx$$

となります。右辺の第1項は $f(x)g(x)$ を微分した後に不定積分をとるので、結局はもとの $f(x)g(x)$ に戻ります。よって、

$$\int f'(x)g(x)\,dx = f(x)g(x) - \int f(x)g'(x)\,dx$$

が得られます。これが、不定積分の部分積分の公式です。

次に、定積分の部分積分の公式を導きましょう。これも (6-12)式から求めます。(6-12)式の両辺の定積分をとります。積分範囲は a から b までとします。すると、

$$\int_a^b f'(x)g(x)\,dx = \int_a^b \{f(x)g(x)\}'dx - \int_a^b f(x)g'(x)\,dx$$

第6章　積分の公式——置換積分と部分積分

となります。右辺の第1項は$f(x)g(x)$を微分した後に定積分をとるので

$$\int_a^b \{f(x)g(x)\}'dx = \left[f(x)g(x)\right]_a^b$$

になります。よって、

$$\int_a^b f'(x)g(x)\,dx = \left[f(x)g(x)\right]_a^b - \int_a^b f(x)g'(x)\,dx$$

が得られます。これが、定積分の部分積分の公式です。

■部分積分の公式はどう使う？

　さて、この2つの部分積分の公式、一体どういう場合に役に立つのでしょうか。実は、実際の様々な計算において、微分と積分のどちらがたいへんなのかというと、多くの場合に積分の方がたいへんです。ある種の関数の積分の計算で行きづまりそうになった時などに、この部分積分の公式が活躍してくれる場合があります。そういう場合には、なかなかたのもしい公式に見えます。ここではそれぞれの例を見てみましょう。

　最初に、不定積分の部分積分の公式を次の例

$$\int \log x\,dx$$

で使ってみましょう。部分積分の公式と見比べて

143

$$\int \log x \, dx = \int 1 \cdot \log x \, dx$$

$$= x \cdot \log x - \int x \cdot \frac{1}{x} \, dx$$

$$= x \log x - x + C$$

となります。ここでは

$$\frac{d}{dx} x = 1 \quad \text{と} \quad \frac{d}{dx} \log x = \frac{1}{x}$$

の関係を使いました。

次に、定積分の部分積分の公式を次の例で使ってみましょう。

$$\int_0^2 e^{-x} 3x \, dx$$

部分積分の公式と見比べて、

$$f'(x) = e^{-x}, \quad g(x) = 3x$$

であるとみなします。すると

$$f(x) = -e^{-x}$$

となります。よって、部分積分の公式を使って

第6章 積分の公式——置換積分と部分積分

$$\int_0^2 e^{-x} 3x \, dx = \left[f(x)g(x) \right]_0^2 - \int_0^2 f(x)g'(x) \, dx$$

$$= \left[-e^{-x} 3x \right]_0^2 - \int_0^2 (-e^{-x}) 3 \, dx$$

$$= -e^{-2} 3 \cdot 2 - \left[e^{-x} \cdot 3 \right]_0^2$$

$$= -6e^{-2} - 3e^{-2} + 3e^{-0}$$

$$= -9e^{-2} + 3$$

となります。

■積分の公式

積分には他にも以下のような公式が成り立ちます。

$$\int_a^b f(x) \, dx = -\int_b^a f(x) \, dx \tag{6-13}$$

$$\int_a^a f(x) \, dx = 0 \tag{6-14}$$

$$\int_a^b f(x) \, dx = \int_a^c f(x) \, dx + \int_c^b f(x) \, dx \tag{6-15}$$

関数 $f(x)$ の原始関数を $F(x)$ としてそれぞれを証明すると以下のようになります。

(6-13)式の証明

$$\int_a^b f(x) \, dx = \left[F(x) \right]_a^b = F(b) - F(a) = -\{ F(a) - F(b) \}$$

$$= -\left[F(x) \right]_b^a = -\int_b^a f(x) \, dx$$

(6-14)式の証明

$$\int_a^a f(x)\,dx = \left[F(x)\right]_a^a = F(a) - F(a) = 0$$

(6-15)式の証明

$$
\begin{aligned}
\int_a^b f(x)\,dx &= \left[F(x)\right]_a^b = F(b) - F(a) \\
&= F(b) - F(c) + F(c) - F(a) \\
&= \left[F(x)\right]_c^b + \left[F(x)\right]_a^c \\
&= \int_a^c f(x)\,dx + \int_c^b f(x)\,dx
\end{aligned}
$$

■奇関数と偶関数の積分

図4-5の$\sin x$と$\cos x$のグラフをもう一度見てみましょう。$\sin x$のグラフは$x=0$の原点を中心にしてxがプラス側の曲線とマイナス側の曲線が点対称の関係になっています。このような関数を**奇関数**と呼びます。式で書くと以下のような関係です。

$$f(x) = -f(-x) \tag{6-16}$$

です。

一方、$\cos x$のグラフはxがプラス側の曲線とマイナス側の曲線が縦軸を中心とする線対称の関係になっています。このような関数を、**偶関数**と呼びます。式で書くと以下のような関係です。

第6章　積分の公式──置換積分と部分積分

$$f(x) = f(-x) \tag{6-17}$$

　関数 $f(x)$ が奇関数の場合は、次の積分は以下に見るようにゼロになります。

$$\int_{-a}^{a} f(x)\,dx = \int_{-a}^{0} f(x)\,dx + \int_{0}^{a} f(x)\,dx$$

右辺の第1項に

$$t = -x$$

の変数変換を行うと、置換積分の公式を使って

$$= -\int_{a}^{0} f(-t)\,dt + \int_{0}^{a} f(x)\,dx$$

となり、右辺の第1項に (6-13) 式の関係を使うと

$$= \int_{0}^{a} f(-t)\,dt + \int_{0}^{a} f(x)\,dx \tag{6-18}$$

となり、奇関数の性質である (6-16) 式を使うと

$$= -\int_{0}^{a} f(t)\,dt + \int_{0}^{a} f(x)\,dx = 0$$

となります。まとめると、$f(x)$ が奇関数の場合は

$$\int_{-a}^{a} f(x)\, dx = 0 \qquad (6\text{-}19)$$

になります。

関数 $f(x)$ が偶関数の場合は、(6-18)式の右辺の第1項に偶関数の性質の(6-17)式を使うと

$$= \int_{0}^{a} f(t)\, dt + \int_{0}^{a} f(x)\, dx$$

$$= 2\int_{0}^{a} f(x)\, dx$$

となります。まとめると、$f(x)$ が偶関数の場合は

$$\int_{-a}^{a} f(x)\, dx = 2\int_{0}^{a} f(x)\, dx \qquad (6\text{-}20)$$

になります。

■直交座標の積分と極座標の積分

物理学では、2次元の平面上や3次元の空間上での積分が多用されます。その際、以下に見るように主に2種類の座標系が使われるのですが、計算の対象によって都合のよい座標系を使います。その座標系を一方からもう一方に変えると、それに付随して積分も変わってきます。その際、どのように積分が変わるのかを見ていきましょう。本節から後の内容は高校では学びませんが、ここまで読み進めてきた皆さんには、難しくないと思います。大学では当たり

第6章 積分の公式——置換積分と部分積分

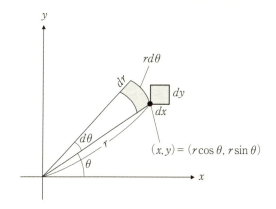

図6-1 直交座標と極座標

前に使うので、ここで理解しておきましょう。

2次元の平面上の座標系には、x軸と、それに直交するy軸からなる**直交座標系**と、原点からの距離rとx軸となす角θ（シータ）で座標を表す**極座標系**があります。直交座標から極座標への積分の変換は、それぞれの座標系でのxy平面（x軸とy軸を含む平面）内の面積の積分を考えるとわかりやすいと思います。図6-1のように、直交座標系での座標(x,y)を、極座標系では原点からの距離rと角度θで表します。このとき

$$(x,y) = (r\cos\theta, r\sin\theta)$$

の関係があります。ここでは、ある関数$f(x,y)$をxy平面内のある範囲（xは0からaまでで、yは0からbまで）で積

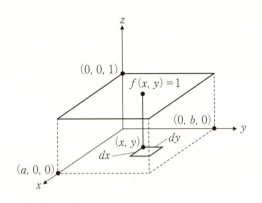

図6-2　関数 $f(x, y) = 1$ の xy 平面上の積分

分する場合を考えてみましょう。この積分は直交座標系で書くと

$$\int_0^b \int_0^a f(x, y)\, dx\, dy = \int_0^b \left\{ \int_0^a f(x, y)\, dx \right\} dy \quad (6\text{-}21)$$

です。この積分の意味は、図6-1の小さな四角形の面積 $dx\, dy$ と関数 $f(x, y)$ の掛け算を、x と y が前記の積分範囲で足し合わせることを意味します。インテグラルが2つついているのは、x と y のそれぞれについて積分するためです。左辺の表記の意味は、右辺で{ }を使って表したように内側から積分することを意味します。なお、この面積 $dx\, dy$ の小さな四角形を**面積素片**や**面積素**と呼びます。

図6-2では xy 平面と直交する z 軸に関数 $f(x, y)$ の値をとることにし、簡単のために座標 (x, y) のどの場所でも $f(x, y)$

第6章 積分の公式――置換積分と部分積分

=1 である場合の(6-21)式の積分を考えています。この積分で求めているのは、図6-2では $z = 1$ に位置する辺の長さ a と b の長方形と xy 平面との間の体積になります。$f(x, y)$ =1 のような簡単な場合以外には、関数 $f(x, y)$ は図6-2上ではもっと複雑な曲面になり、その曲面と xy 平面との間の体積を求めることになります。

次に、ある関数 $f(x, y)$ を xy 平面内のすべてで積分する場合を考えましょう。この場合は x と y はともに $-\infty$ から $+\infty$ まで積分することになります。先ほどの $f(x, y) = 1$ の場合には、この積分

$$\int_{-\infty}^{\infty} \int_{-\infty}^{\infty} f(x, y) \, dx \, dy$$

の値は無限大になってしまいますが、xy 平面の原点 $(0, 0)$ から遠いところで $f(x, y)$ の値が0に収束する関数の場合（例えば、xy 平面にお椀を伏せたような形の関数で、次節で見るガウス関数 $e^{-a(x^2+y^2)}$ の場合など）にはこの積分も有限の値を持ちます。この積分を極座標に変換してみましょう。

極座標の面積素片は、図6-1の小さな扇形です。この面積素片は、dr と $d\theta$ が無限に小さい場合には、辺の長さが dr と $r \, d\theta$ （円弧の長さ）である長方形とみなせます。よって、その面積はこの掛け算の $dr \times r \, d\theta \, (= r \, dr \, d\theta)$ になります。xy 平面のすべての面積で積分する場合には、r はゼロから ∞ まで、θ はゼロから 2π まで、積分すればよいわけです。なので、極座標上の積分は

151

$$\int_0^{2\pi} \int_0^\infty f(x,y)\, r\, dr\, d\theta$$

となります。これはxy平面上のすべての座標での積分なので、直交座標での積分と等しいということになります。よって、

$$\int_{-\infty}^\infty \int_{-\infty}^\infty f(x,y)\, dx\, dy = \int_0^{2\pi} \int_0^\infty f(x,y)\, r\, dr\, d\theta \quad (6\text{-}22)$$

となります。この式が2次元平面上での直交座標の積分と極座標の積分をつなぐ関係です。

■ガウス積分

この直交座標の積分から極座標の積分への変数変換の関係を使って、次式の積分を求めてみましょう。この積分は**ガウス積分**と呼ばれていて統計学や物理学などで活躍しています。

$$\int_{-\infty}^\infty e^{-ax^2}\, dx = \sqrt{\frac{\pi}{a}} \quad (6\text{-}23)$$

左辺の被積分関数は

$$e^{-ax^2} \quad (a>0)$$

ですが、これは皆さんがどこかで見たことのある曲線だと思います。その一つの例が図6-3のグラフです。このグラ

152

第6章 積分の公式——置換積分と部分積分

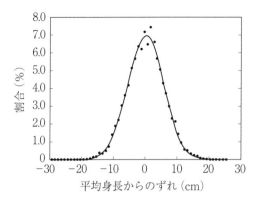

図6-3 平成20年度の17歳男子の身長の分布（文部科学省・学校保健統計調査による）

フは平成20年度の17歳男子の身長がどのように分布しているかを表しています。横軸は平均身長170.7cmからのずれを表しているので、ずれが+10cmの身長は約180cmで、ずれが-10cmの身長は約160cmです。点が実際の統計値で、実線が前式と相似形（縦方向の倍率が異なります）の関数であり、これを**ガウス関数**と呼びます。

ガウス関数はこのような統計分布を表すために大活躍しています。身長以外にも体重の分布や、大規模な各種のペーパーテストの成績の分布、それにテレビの視聴率の分布などもガウス関数で表されます。

このガウス関数で表される分布を**ガウス分布**または**正規分布**と呼びます（関心のある方は拙著の『高校数学でわかる統計学』をご覧ください）。ガウス積分はこのガウス関数を$-\infty$から$+\infty$まで積分するものでガウス関数とx軸の

間の面積を求めることを意味します。統計の分布を扱う際には、この全面積を1（＝100％）にする（これを規格化と呼びます）のが望ましい場合が多いのです。(6-23)式の右辺の積分結果から、e^{-ax^2}を$\sqrt{\dfrac{\pi}{a}}$で割った

$$\frac{e^{-ax^2}}{\sqrt{\dfrac{\pi}{a}}} = \sqrt{\frac{a}{\pi}}\, e^{-ax^2}$$

を分布を表す関数として使えば、この関数の全面積が1になり規格化できることがわかります。

　ガウス積分の求め方は、次のように独立な変数xとyを用いる2つのガウス積分を考えることから始めます。

$$\int_{-\infty}^{\infty} e^{-ax^2}dx = \int_{-\infty}^{\infty} e^{-ay^2}dy \qquad (6\text{-}24)$$

この2つのガウス積分は、変数が異なるだけで、積分範囲や関数の形が同じなので、積分の結果も同じです。したがって、このように等号が成り立ちます。

　次に、この2つを掛けた積分を考えてみます。すると、

$$\int_{-\infty}^{\infty} e^{-ax^2}dx \int_{-\infty}^{\infty} e^{-ay^2}dy = \int_{-\infty}^{\infty}\int_{-\infty}^{\infty} e^{-ax^2}e^{-ay^2}dx\,dy$$

$$= \int_{-\infty}^{\infty}\int_{-\infty}^{\infty} e^{-a(x^2+y^2)}dx\,dy$$

第6章 積分の公式——置換積分と部分積分

となります。このxとyは独立な変数で、お互いに無関係な変数です。このxとyを、前節の図6-1のように、直交座標系のx軸とy軸にとることにしましょう。こうしても、お互いが独立であるという条件は満たされています。

極座標を使うと、この積分は簡単になります。図6-1のように、角度θと原点からの距離rで、座標(x, y)を表すことができます。(6-22)式を使って変数変換すると、

$$= \int_0^{2\pi} \int_0^\infty e^{-a(x^2+y^2)} r \, dr \, d\theta$$

になります。さらに、$r^2 = x^2 + y^2$ なので、

$$= \int_0^{2\pi} \int_0^\infty e^{-ar^2} r \, dr \, d\theta$$

となり、積分は、(6-21)式のように内側から計算するので

$$= \int_0^{2\pi} d\theta \int_0^\infty e^{-ar^2} r \, dr = \left[\theta \right]_0^{2\pi} \int_0^\infty e^{-ar^2} r \, dr$$

$$= 2\pi \int_0^\infty e^{-ar^2} r \, dr = -\frac{2\pi}{2a} \left[e^{-ar^2} \right]_0^\infty$$

$$= \frac{\pi}{a}$$

となります。なお、この計算の途中では

$$\frac{d}{dr} e^{-ar^2} = -2are^{-ar^2}$$

$$\therefore \, e^{-ar^2}r = \frac{d}{dr}\left(-\frac{1}{2a}e^{-ar^2}\right)$$

$$\therefore \int_0^\infty e^{-ar^2}r\,dr = \left[-\frac{1}{2a}e^{-ar^2}\right]_0^\infty$$

の関係を使っています。極座標にしたことで、最後の積分が簡単に解けたわけです。

これで、

$$\int_{-\infty}^\infty e^{-ax^2}dx \int_{-\infty}^\infty e^{-ay^2}dy = \frac{\pi}{a}$$

であることがわかったので、(6-24)式を使うと

$$\int_{-\infty}^\infty e^{-ax^2}dx = \sqrt{\frac{\pi}{a}}$$

が得られます。これでガウス積分が求められました。

■3次元の直交座標から極座標への変換

　3次元座標での座標変換も、2次元の場合とまったく同じように導けます。3次元座標では、**体積素片**を考えます。直交座標での体積素片は、図6-4にあるように辺の長さがそれぞれ dx, dy, dz である直方体です。この体積は $dx\,dy\,dz$ なので、関数 $f(x, y, z)$ を xyz 空間のすべての体積にわたって積分する場合には x, y, z のそれぞれを $-\infty$ から $+\infty$ まで積分すればよいわけです。よって、式で書くと

156

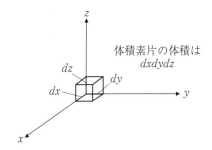

図6-4 直交座標の体積素片

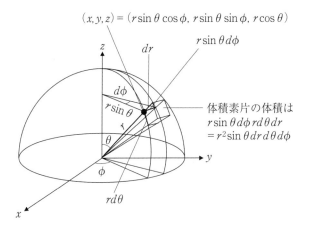

図6-5 極座標の体積素片

$$\int_{-\infty}^{\infty}\int_{-\infty}^{\infty}\int_{-\infty}^{\infty} f(x, y, z)\, dxdydz$$

となります。

3次元の極座標では、座標 (x, y, z) を図6-5のように、角度 θ, ϕ（ファイ）と原点からの距離 r で表します。極座標では図6-5のような直方体の体積素片を積分することになります。体積素片の各辺の長さは図をよく見ればわかるように

$$r \sin \theta \, d\phi, \quad dr, \quad r \, d\theta$$

なので、体積はこれらの掛け算で

$$r \sin \theta \, d\phi \times dr \times r \, d\theta = r^2 \sin \theta \, dr \, d\theta \, d\phi$$

になります。r は 0 から ∞ まで、θ は 0 から π まで、ϕ は 0 から 2π まで積分すればよいので、極座標上の積分は

$$\int_0^{2\pi} \int_0^{\pi} \int_0^{\infty} f(x, y, z) r^2 \sin \theta \, dr \, d\theta \, d\phi$$

となります。これが先ほどの直交座標の積分と等しいので

$$\int_{-\infty}^{\infty} \int_{-\infty}^{\infty} \int_{-\infty}^{\infty} f(x, y, z) \, dx \, dy \, dz$$
$$= \int_0^{2\pi} \int_0^{\pi} \int_0^{\infty} f(x, y, z) r^2 \sin \theta \, dr \, d\theta \, d\phi$$

になります。

　なお、さらに一般的な積分の変数変換は、巻末の付録に載せています。関心のある方はそちらをご覧ください。

第6章 積分の公式——置換積分と部分積分

■**線積分**

2次元の平面上の関数$f(x, y)$の積分においては、直交座標での変数xやyに関する積分を見てきました。しかし、物理学などでは、図6-6のように、ある曲線の経路に沿って積分する必要が生じる場合があります。この曲線をCと名付け、この経路上の距離を変数sで表すとき、この曲線上の関数$f(x, y)$の積分を

$$\int_C f(x, y) ds$$

と表します。また、経路上の積分範囲が点Aから点Bまでの場合には

$$\int_A^B f(x, y) ds$$

と表します。曲線の経路が閉じていて1周分を積分する場

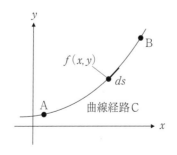

図6-6　線積分

合には、インテグラルに○をつけて

$$\oint f(x,y)ds$$

と表します。これらの経路に沿った積分を**線積分**と呼びます。線積分は大学の物理学で活躍します。

■ベクトルが関わる積分

これも、高校数学にはありませんが、ベクトルが関わる積分も見ておきましょう。

科学では様々な量を扱いますが、距離や重さのように大きさだけを表す量を**スカラー**と呼びます。これに対して、方向と大きさを表す量を**ベクトル**と呼びます。例えば、気体や液体の速度を表すには、流れの方向を表す必要があるのでベクトルが使われます。ベクトルを図示する場合は、図6-7のように矢印で表されます。x軸とy軸からなる直交

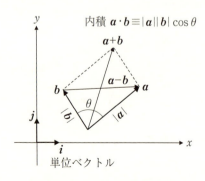

図6-7　ベクトルと内積

第6章　積分の公式──置換積分と部分積分

座標系では、x軸方向とy軸方向の長さ1の**単位ベクトル**が定義されて、それぞれ座標を使って

$$\boldsymbol{i} = (0, 1) \quad \boldsymbol{j} = (1, 0)$$

と表されます。ベクトルの記号としては、高校では変数の上に矢印を載せた

$$\vec{i}$$

が使われています。大学では、この記号の代わりにアルファベットを太字にした

$$\boldsymbol{i}$$

がよく使われます。

　ベクトルどうしの演算としては、ベクトルの足し算と引き算があります。2つのベクトル$\boldsymbol{a}$と$\boldsymbol{b}$があるとき、ベクトルの足し算と引き算の結果は図6-7のように表されます。このベクトルの足し算を使うと、xy平面上の任意のベクトルは2つの単位ベクトル$\boldsymbol{i}$と$\boldsymbol{j}$の和として

$$x\boldsymbol{i} + y\boldsymbol{j}$$

で表せます。

　ベクトルどうしの演算には、他に**内積**と**外積**があります。内積の定義は図6-7のように2つのベクトル$\boldsymbol{a}$と$\boldsymbol{b}$がな

す角を θ とするとき、

$$\boldsymbol{a}\cdot\boldsymbol{b} \equiv |\boldsymbol{a}||\boldsymbol{b}|\cos\theta$$

です。$|\boldsymbol{a}|$ は $\boldsymbol{a}$ の大きさを表します。また、左辺の「・」は内積を表す記号です。

　同じ単位ベクトルどうしの内積では $\theta = 0$ なので

$$\boldsymbol{i}\cdot\boldsymbol{i} = \boldsymbol{j}\cdot\boldsymbol{j} = 1$$

です。また直交する単位ベクトルの内積では $\cos\dfrac{\pi}{2} = 0$ なので

$$\boldsymbol{i}\cdot\boldsymbol{j} = 0$$

です。

　ここでは、積分に関わるベクトルの関数を

$$\boldsymbol{f}(x, y)$$

で表すことにします（図6-8）。ベクトルが関わる積分の例としては

$$\int_C \boldsymbol{f}(x, y)\cdot d\boldsymbol{r} \qquad \text{ここで、} d\boldsymbol{r} = dx\boldsymbol{i} + dy\boldsymbol{j}$$

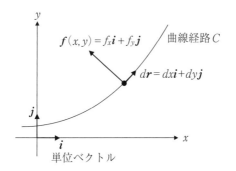

図6-8 関数がベクトルである場合

があります。これはベクトルの関数 $\boldsymbol{f}(x,y)$ と線素片のベクトル $d\boldsymbol{r}$ の内積を積分することを意味します。ベクトルの関数 $\boldsymbol{f}(x,y)$ の x 成分と y 成分を f_x と f_y とすると

$$\boldsymbol{f}(x,y) = f_x \boldsymbol{i} + f_y \boldsymbol{j}$$

なので

$$\int_C \boldsymbol{f}(x,y) \cdot d\boldsymbol{r} = \int_C (f_x \boldsymbol{i} + f_y \boldsymbol{j}) \cdot (dx\boldsymbol{i} + dy\boldsymbol{j})$$
$$= \int_C f_x dx \boldsymbol{i} \cdot \boldsymbol{i} + \int_C f_x dy \boldsymbol{i} \cdot \boldsymbol{j} + \int_C f_y dx \boldsymbol{j} \cdot \boldsymbol{i} + \int_C f_y dy \boldsymbol{j} \cdot \boldsymbol{j}$$
$$= \int_C f_x dx + \int_C f_y dy$$

となります。この積分で得られる結果はスカラーです。このベクトルの内積の積分も物理学などで活躍しています。

■18世紀を代表する数学者オイラー

関数の概念は、ライプニッツが考案しました。その関数に記号$f(x)$を与えたのは、オイラーです。オイラーは1707年にスイスのバーゼルに生まれました。オイラーが生まれたとき、微積分の創始者であるニュートン（1642〜1727）とライプニッツ（1646〜1716）はまだ存命でした。オイラーは神童で、13歳でバーゼル大学の哲学部に入学し、15歳で卒業しました。その2年後に17歳で修士の学位を得ました。ライプニッツが没したのは、オイラーが9歳の時で、ニュートンが没したのは、オイラーが19歳の時でした。

バーゼル大学でオイラーは、優れた科学者を生み出し続けたベルヌーイ一族の知遇を得ました。オイラーはヨハン・ベルヌーイ（1667〜1748）から数学の指導を受けましたが、ヨハンの息子でオイラーより7歳年上のダニエル・ベルヌーイ（1700〜1782）と友人になりました。ダニエルは、流体力学と気体分子運動論の元祖とも呼ぶべき科学者で、さらにフーリエ

オイラー

第6章 積分の公式——置換積分と部分積分

級数の元祖でもあります。

ダニエルは、1725年にロシアのアカデミーに職を得ました。2年後の1727年に、ダニエルの助力によりオイラーもロシアのアカデミーに職を得ました。当時、科学者のポストは極めて少数でした。ダニエルはロシアに8年間滞在し、オイラーはロシアの首都であるサンクトペテルブルクに14年間留まりました。オイラーは精力的に仕事に取り組む人で、それが災いしてか、1740年ごろまでに片目の視力を失いました。本人は作図等の過労が原因であると考えていたようです。

ダニエル・ベルヌーイ

オイラーは、1741年にプロイセンのアカデミーに移り、ベルリンに滞在しました。啓蒙専制君主として有名なプロイセンの王フリードリッヒ2世（1712〜1786）の招きによるものです。オイラーはベルリンでも数多くの業績をあげました。第7章に登場する「オイラーの公式」の発表は1748年でした。1766年にフリードリッヒ大王との関係がまずくなると、25年間滞在したベルリンを離れ、再びサンクトペテルブルクに戻りました。

オイラーは、ロシアに戻って間もなく白内障と思われる病気によって、もう一方の目の視力も失いました。しかし、持ち前の抜群の記憶力と、弟子による口述筆記に助けられて、この第2期のロシア滞在時に400もの論文や書籍を刊行しました。

　オイラーの数学や物理学における業績は膨大です。自然対数の底をeと書くこと、虚数をiと書くこと、円周率をπと書くこと、級数の和を$\sum$で書くことなどもオイラーが導入しました。本書で使用している記号のかなりのものがオイラーのおかげであると言えます。

　オイラーはまた、数学者として偉大であっただけでなく、教科書や啓蒙書の執筆にも意欲的に取り組みました。論文や著書の出版数は、900近くにものぼりました。もともと、極めて才能に恵まれていたためか、自身の業績のプライオリティ（優先権）にはほとんど関心がなく、同時に他人の業績のプライオリティにも関心がなかったそうです。このため、プライオリティに敏感な他の数学者たちをとまどわせたこともあったようです。オイラーの没年は、1783年で、フランス革命が始まる6年前でした。18世紀を代表する数学界の巨人でした。

　さてこれで高校数学での積分の基本をほぼマスターしたことになります。試みに高校の数学の教科書を開いてみると、積分に関するほとんどの箇所を容易に理解できることに気づくことでしょう。

　本章で学んだ積分の公式をまとめておきましょう。

第6章　積分の公式——置換積分と部分積分

不定積分の置換積分の公式 $(x = g(t)$ の場合$)$

$$\int f(x)\,dx = \int f(x)g'(t)\,dt \tag{6-6}$$

定積分の置換積分の公式 $(x = g(t)$ の場合$)$

$$\int_a^b f(x)\,dx = \int_p^q f(x)g'(t)\,dt$$

不定積分の部分積分の公式

$$\int f'(x)g(x)\,dx = f(x)g(x) - \int f(x)g'(x)\,dx$$

定積分の部分積分の公式

$$\int_a^b f'(x)g(x)\,dx = \left[\,f(x)g(x)\,\right]_a^b - \int_a^b f(x)g'(x)\,dx$$

その他の積分の公式

$$\int_a^b f(x)\,dx = -\int_b^a f(x)\,dx \tag{6-13}$$

$$\int_a^a f(x)\,dx = 0 \tag{6-14}$$

$$\int_a^b f(x)\,dx = \int_a^c f(x)\,dx + \int_c^b f(x)\,dx \tag{6-15}$$

$f(x)$ が奇関数の場合

167

$$\int_{-a}^{a} f(x)\,dx = 0 \tag{6-19}$$

$f(x)$ が偶関数の場合

$$\int_{-a}^{a} f(x)\,dx = 2\int_{0}^{a} f(x)\,dx \tag{6-20}$$

2次元座標での直交座標と極座標の積分の関係

$$\int_{-\infty}^{\infty}\int_{-\infty}^{\infty} f(x,y)\,dx\,dy = \int_{0}^{2\pi}\int_{0}^{\infty} f(x,y)\,r\,dr\,d\theta \tag{6-22}$$

ガウス積分

$$\int_{-\infty}^{\infty} e^{-ax^2}dx = \sqrt{\frac{\pi}{a}} \tag{6-23}$$

3次元座標での直交座標と極座標の積分の関係

$$\int_{-\infty}^{\infty}\int_{-\infty}^{\infty}\int_{-\infty}^{\infty} f(x,y,z)\,dx\,dy\,dz$$
$$= \int_{0}^{2\pi}\int_{0}^{\pi}\int_{0}^{\infty} f(x,y,z)\,r^2\sin\theta\,dr\,d\theta\,d\phi$$

経路上の積分範囲が点Aから点Bまでの線積分

$$\int_{A}^{B} f(x,y)\,ds$$

ベクトルの内積の積分

第6章 積分の公式——置換積分と部分積分

$$\int_C \boldsymbol{f}(x,y) \cdot d\boldsymbol{r}$$

微積分と物理学3

ベクトルが関わる積分が活躍する電磁気学

　ニュートン力学の登場から約1世紀半後に、物理学の分野では現代社会にまで重要な影響を及ぼしている大きな進展がありました。それは、電気や磁気を扱う**電磁気学**の登場です。電磁気学はフランスのアンペール（1775〜1836）やイギリスのファラデー（1791〜1867）らが実験によって基本的な法則を明らかにしていき、やがてイギリスのマクスウェル（1831〜1879）らによって4つの方程式にまとめられました。この方程式を**マクスウェル方程式**と呼びます。

　電磁気学では電気や磁気によって生じる力を描写するために、ベクトルが使われます。このためマクスウェル方程式にもベクトルが関わる積分が登場します。例えば、電磁気学のマクスウェル方程式の1つは

$$\oint \boldsymbol{E} \cdot d\boldsymbol{r} = -\frac{\partial}{\partial t} \int \boldsymbol{B} \cdot \boldsymbol{n}\, dS$$

で表されます（『高校数学でわかるマクスウェル方程式』の巻末付録p. 212）。

　それぞれの変数やベクトルが何を表すかは、後で見ることにして、先にこの式の数学的な構造を見てみましょう。すると、左辺が閉じた経路でのベクトルの内積の積分であるこ

169

と、そして右辺もまたベクトルの内積を含み、かつ時間tで偏微分することがわかります。このように数学的な内容については、本書の知識で十分理解できます。他の３つの方程式についても数学的な内容は本書の知識で間に合います。

さて、それぞれのベクトルや変数の意味ですが、Eは電界のベクトルを表し、Bは磁束密度と呼ばれる磁場の大きさと方向を表すベクトルで、nは面積素片dSに垂直な方向の単位ベクトルです。rは図6-8と同じで位置を表すベクトルで、変数tは時間を表します。この式は「右辺の磁束密度Bが時間的に変化する場合には、左辺の電界Eが生まれる」という**電磁誘導の法則**と呼ばれる関係を表しています。

例えば、右辺の磁束密度Bが時間変化しない場合には、右辺の積分は定数になるので、その時間に関する偏微分$\frac{\partial}{\partial t}$はゼロになり、右辺はゼロになります。したがって、右辺と等号でつながれている左辺もゼロにならなければならないので、左辺の積分の中の電界のベクトルEもゼロになることがわかります。これは、「右辺の磁束密度Bが時間的に変化しない場合には、左辺の電界Eは生じない」ことを意味し、電磁誘導の法則と整合しています。

もちろん、これだけの解説では、この式の物理的な意味の理解は十分ではないので、関心のある方は拙著『高校数学でわかるマクスウェル方程式』をご覧ください。電磁気学の基本法則の理解が意外に容易であることに、気づくことでしょう。

第7章　大学につながる数学
——テイラー展開からさらに先へ

　最終章では、大学につながる微積分をいくつか見ておきましょう。大学入学後に、高校の数学との間にギャップを感じる方は少なくないようですが、実際の差はそれほどでもありません。ここまで読み進めてきた読者の皆さんには、本章は十分に理解できると思います。これから物理学や工学を学ぶ上で、大いに役立つことでしょう。

　まず「テイラー展開」から、始めます。

■テイラー展開

　本書では、n次式、指数関数および対数関数、それに三角関数の微分を見てきました。これらの関数はみなそれぞれ固有の特徴を持っていました。本章でこれから見る**テイラー展開**を使えば、指数関数、対数関数、それに三角関数をn次の多項式に置き換えられます。この置き換えによって様々な計算が簡単になることから、テイラー展開は物理学を含む様々な科学分野で活躍しています。では、さっそくテイラー展開を見ていきましょう。

　テイラー展開では、ある関数$f(x)$が $x = x_0$ （x_0は定数）

の近く（近傍）で、次式の右辺のように多項式で表される
と仮定します。

$$f(x) = a + b(x - x_0) + c(x - x_0)^2$$
$$+ d(x - x_0)^3 + \cdots \qquad (7\text{-}1)$$

三角関数や指数関数のような、一見して多項式とは関係が
ないように思える関数も、右辺の多項式で表されると考え
るわけです。ここで右辺の多項式を求めるということは、
具体的には係数 a，b，c，d などを求めることを意味しま
す。これらの係数を順次求めてみましょう。

　まず、$x = x_0$ を両辺に代入しましょう。すると、右辺の
第2項より右側の項はすべてゼロになるので、右辺は係数
a だけが残ります。よって、

$$f(x_0) = a$$

が得られます。次に合成関数の微分公式を使って(7-1)式
の両辺を x で微分します。すると、

$$f'(x) = b + 2c(x - x_0) + 3d(x - x_0)^2 + \cdots \qquad (7\text{-}2)$$

となります。この両辺に $x = x_0$ を代入すると、右辺の第2
項より右側の項はすべてゼロになるので、

$$f'(x_0) = b$$

第7章　大学につながる数学——テイラー展開からさらに先へ

となって、係数 b が求められます。次に(7-2)式をさらに x で微分します。すると、

$$f''(x) = 2c + 6d(x - x_0) + \cdots$$

となり、この両辺に $x = x_0$ を代入すると、右辺の第2項より右側の項はすべてゼロになるので、

$$f''(x_0) = 2c \qquad \therefore\ c = \frac{1}{2}f''(x_0)$$

となり、係数 c が求められます。以下同様に微分して、$x = x_0$ を代入することを繰り返すと、(7-1)式は

$$
\begin{aligned}
f(x) &= a + b(x - x_0) + c(x - x_0)^2 + d(x - x_0)^3 + \cdots \\
&= f(x_0) + f'(x_0)(x - x_0) + \frac{1}{2}f''(x_0)(x - x_0)^2 \\
&\quad + \frac{1}{3 \cdot 2}f'''(x_0)(x - x_0)^3 + \cdots \\
&= f(x_0) + \frac{1}{1!}f'(x_0)(x - x_0) + \frac{1}{2!}f''(x_0)(x - x_0)^2 \\
&\quad + \frac{1}{3!}f'''(x_0)(x - x_0)^3 + \cdots \qquad (7\text{-}3)
\end{aligned}
$$

となります。なお、！は階乗を表す記号で、例えば $3! = 3 \times 2 \times 1$ です。これがテイラー展開です。

　このテイラー展開は $x_0 = 0$ の近傍で展開する場合はさらに簡単になり、(7-3)式に $x_0 = 0$ を代入すると

$$f(x) = f(0) + \frac{1}{1!} f'(0)x + \frac{1}{2!} f''(0)x^2 + \frac{1}{3!} f'''(0)x^3 + \cdots \quad (7\text{-}4)$$

になります。

■テイラー展開の例──指数関数

ネイピア数を底とする指数関数 $f(x) = e^x$ のテイラー展開を求めてみましょう。これは実は簡単です。なぜなら、微分しても (3-24) 式で見たように関数の形は同じ e^x だからです。よって、

$$e^{x_0} = f(x_0) = f'(x_0) = f''(x_0) = \cdots$$

なので、(7-3) 式から

$$e^x = e^{x_0} + e^{x_0}(x - x_0) + \frac{1}{2} e^{x_0}(x - x_0)^2 + \frac{1}{3!} e^{x_0}(x - x_0)^3 + \cdots \quad (7\text{-}5)$$

が得られます。

$x_0 = 0$ の場合には、$e^0 = 1$ なので (7-5) 式はさらに簡単になり

$$e^x = 1 + x + \frac{1}{2} x^2 + \frac{1}{3!} x^3 + \cdots \quad (7\text{-}6)$$

になります。これが指数関数 e^x の $x_0 = 0$ の近傍でのテイラー展開です。

サインとコサインのテイラー展開も、同様にして求めら

第7章　大学につながる数学——テイラー展開からさらに先へ

れます。ともに $x_0 = 0$ の場合のテイラー展開を書くと

$$\sin x = x - \frac{1}{3!}x^3 + \frac{1}{5!}x^5 - \cdots \tag{7-7}$$

$$\cos x = 1 - \frac{1}{2!}x^2 + \frac{1}{4!}x^4 - \cdots \tag{7-8}$$

となります。(7-7)式と(7-8)式の右辺をそれぞれ変数xで微分してみると、(4-9)式と(4-10)式の

サインの微分はコサイン、

コサインの微分はマイナスサイン

の関係が成り立っていることがわかります。

■テイラー展開による近似

　テイラー展開では、(7-3)式の右辺の項は、$x - x_0$ の次数が大きい項ほど、その値は小さくなります。なぜなら、この後で見るように、テイラー展開が良い近似で成り立つのは $x - x_0$ の値が0.1などの小さな場合に限られるので、2次の項なら $(x - x_0)^2$ の値は $(0.1)^2 = 0.01$ ぐらいとなり、さらに3次の項は $(x - x_0)^3$ の値が0.001ぐらいになるからです。次数が大きい項を**高次の項**と呼びますが、このように高次の項ほど値は小さくなります。科学の国際会議などで「その効果はhigher order（さらに高次）だ」と誰かが言ったとすると、その意味は「その効果は次元がさらに高い、すばらしいものだ」ではなく、「その効果はさらに高次の

175

項なので、ほとんど影響しない」という意味です。

指数関数や三角関数を $x=0$ のまわりで簡単に近似するときには、指数関数では(7-6)式の右辺の第2項までとり、サインやコサインでは、(7-7)式と(7-8)式の第1項までとる場合が多いようです。それぞれを式で書くと

$$e^x \approx 1+x, \ \sin x \approx x, \ \cos x \approx 1$$

となります。「≈」は「ほぼ等しい」ことを表す等号で、「≒」や「≅」と書くこともあります。これらの近似は、簡単な手計算の時などに使われます。

$e^x \approx 1+x$ を $x=0$ の近傍の $x=-0.2$ から0.2まで計算してみたのが次の表です。x が0から ± 0.1 ぐらいまでの $1+x$ と e^x の差は1%以内（両者の比の $\dfrac{1+x}{e^x}$ が99%より大きい）であることがわかります。

x	$1+x$	e^x	$\dfrac{1+x}{e^x}(\%)$
−0.2	0.8	0.819	97.71
−0.15	0.85	0.861	98.76
−0.1	0.9	0.905	99.47
−0.05	0.95	0.951	99.87
0	1	1	100
0.05	1.05	1.051	99.88
0.1	1.1	1.105	99.53
0.15	1.15	1.162	98.98
0.2	1.2	1.221	98.25

第7章　大学につながる数学——テイラー展開からさらに先へ

$\sin x \approx x$ の近似の精度も見てみましょう。xが0.25ぐらいで、差は1％を超えます（両者の比の$\dfrac{x}{\sin x}$が101％を超える）。

x	$\sin x$	$\dfrac{x}{\sin x}$(％)
0	0	
0.05	0.05	100.04
0.1	0.0998	100.17
0.15	0.1494	100.38
0.2	0.1987	100.67
0.25	0.2474	101.05
0.3	0.2955	101.52
0.35	0.3429	102.07
0.4	0.3894	102.71
0.45	0.4350	103.46
0.5	0.4794	104.29

$\cos x \approx 1$ の近似の精度も見てみましょう。xが0.15ぐらいで差は1％を超えます。

x	$\cos x$	$\dfrac{1}{\cos x}$(％)
0	1	
0.05	0.9988	100.13
0.1	0.9950	100.50
0.15	0.9888	101.14
0.2	0.9801	102.03

さらに精度を上げるためには、もっと高次の項を含める必要があります。テイラー展開は大学1年で学ぶ数学の中

で、最も重要なものの1つです。

■テイラー

テイラー展開に名を残したテイラー（1685〜1731）は、1685年にイギリスのエドモントンに生まれました。1709年にケンブリッジ大学で法学学士となり、1714年に法学の博士号を得ました。テイラー展開を発表したのは1715年でした。

テイラーは1712年に王立協会に入り、微積分の最初の考案者がニュートンであるのか、あるいはライプニッツであるのかを判定する委員会に参加しました。ライプニッツはパリに滞在していた1673年に、王立協会に加入していました。ニュートンとライプニッツは直接会ったことはなかったようですが、王立協会の事務局長オルデンバーグを介して、1676年ごろに2往復の書簡のやり取りをしました。両者の間はこのときは友好的でしたが、この書簡のやり取りから「ライプニッツが微分の知識を盗んだのではないか」と、ニュートンやニュート

テイラー

第7章　大学につながる数学──テイラー展開からさらに先へ

ンを支持する人々が後に疑い始めて論争になりました。

　テイラーが参加した王立協会の調査は、両者が書簡のやり取りをしてから約40年後に行われました。ニュートンは1703年から亡くなる1727年まで王立協会の会長を務めたため、ライプニッツにとってはアウェーでの判定となり、判定結果はニュートンの先取権を支持するものになりました。ライプニッツはこの判定に大いに怒ったようですが、彼の存命中にはこの論争に決着はつきませんでした。

　今日では、書簡のやり取り以前にライプニッツが微分の着想を得ていたことが明らかになっており、二人は独立に微積分を生み出したと考えられています。

■虚数の導入

　本書でここまで扱ってきた数は**実数**と呼ばれる数でした。ここから、**虚数**を導入してみましょう。ある数を2乗したものを平方と呼び、平方のもとになった数を**平方根**と呼びます。例えば2を2乗（2×2）すると4になりますが、2の平方が4で、4の平方根が+2と-2です。ここまでは簡単です。

　次に、数学の発展過程で、-1の平方根を考える必要に迫られました。2乗して4になる数や、9になる数は簡単にわかりますが、2乗して-1になる数となると、どのようなものなのか直観的につかめないと思います。実際、筆者も直観的には理解できません。もちろん、アラビア数字の中にそのような数字は存在しません。そこで-1の平方根には、アルファベットのiという文字を使うことにして、

179

この数を虚数と呼ぶことになりました。英語では
imaginary number（イマジナリナンバー：直訳すると、
想像上の数）と呼びます。フランスのデカルト（1596～
1650）によって名付けられました。任意の虚数は、このi
のb（実数）倍なのでibと書けます。そこで、iは**虚数単位**
と呼ばれます。式で書くとiと-1の関係は

$$i \times i = -1$$
$$i = \sqrt{-1}$$

となります。一方、虚数以外のそれまで使われていた数
は、実数と呼ばれるようになりました。英語ではreal
number（リアルナンバー：直訳すると、現実の数）と呼
びます。

　虚数の発見によって「数の概念」は、実数から拡張され
て、実数と虚数の両方で表されることになりました。そこ
で、この拡張した数を**複素数**と呼ぶことにしました。複素
数は、実数aと虚数ibの和で表されます。式で書くと

$$a + ib$$

となります。ここでaを**実部**、bを**虚部**と呼びます。

■複素数を座標に表示する方法

　この複素数を、図示できるようにしたのが、19世紀最大
の数学者といわれるドイツのガウス（1777～1855）です。

第7章　大学につながる数学——テイラー展開からさらに先へ

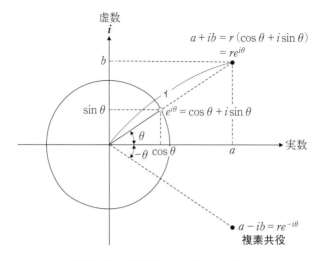

図7-1　複素平面とオイラーの公式

ガウスは横軸（**実軸**）に実数をとり、縦軸（**虚軸**）に虚数をとった**複素平面**（**ガウス平面**とも呼ばれる）を考え出しました。図7-1の複素平面においては、複素数 $a+ib$ は、実軸上の大きさがaで虚軸上の大きさがbである1つの点として表されます。

この複素数 $a+ib$ を、極座標で表すこともできます。極座標表示では、xy平面上の座標(x, y)ではなく、図7-1のように原点からの距離rと実軸（x軸）からの角度θ（これを**偏角**と呼びます）で複素数を表します。なので、

$$a+ib = r(\cos\theta + i\sin\theta)$$

181

となります。

　複素数の絶対値の大きさは、この図の原点からの距離で表されます。複素数 $a+ib$ の原点からの距離rは $\sqrt{a^2+b^2}$ です。複素数 $a+ib$ から距離の2乗 a^2+b^2 を求めるには、$a+ib$ に $a-ib$ を掛ければよいことがわかります。

$$(a+ib)(a-ib)=a^2+b^2$$

この $a-ib$ をもとの $a+ib$ の**複素共役**と呼びます。複素共役の数は、図7-1のように、実軸を対称軸とする線対称の位置にあります。偏角を使って表示すると、

$$a-ib = r(\cos\theta - i\sin\theta)$$
$$= r\{\cos(-\theta) + i\sin(-\theta)\}$$

となります（コサインは偶関数なので $\cos\theta = \cos(-\theta)$ で、サインは奇関数なので $\sin(\theta) = -\sin(-\theta)$）。

■オイラーの公式

　この複素数と、三角関数のサイン、コサインの間には、おもしろい関係があります。その関係を見つけたのは、18世紀を代表する数学者オイラーです。オイラーが見つけたのは次の関係で、これを**オイラーの公式**と呼びます。

$$e^{i\theta} = \cos\theta + i\sin\theta \qquad (7\text{-}9)$$

第7章　大学につながる数学——テイラー展開からさらに先へ

　この関係はテイラー展開を使えば求められます。指数関数、サイン、コサインのテイラー展開は、(7-6)式、(7-7)式、(7-8)式で表されました。指数関数のテイラー展開の(7-6)式で、xを$i\theta$で置き換えると、形式上

$$e^{i\theta} = 1 + \frac{i\theta}{1!} + \frac{(i\theta)^2}{2!} + \frac{(i\theta)^3}{3!} + \cdots \qquad (7\text{-}10)$$

となります。そこで、左辺の$e^{i\theta}$を、この式の右辺のように定義することにします。この式の右辺を実数の項と虚数の項に分けてみます。

$$
\begin{aligned}
e^{i\theta} &= 1 + \frac{i\theta}{1!} + \frac{(i\theta)^2}{2!} + \frac{(i\theta)^3}{3!} + \cdots \\
&= \left(1 - \frac{\theta^2}{2!} + \frac{\theta^4}{4!} - \cdots\right) + i\left(\theta - \frac{\theta^3}{3!} + \frac{\theta^5}{5!} - \cdots\right) \\
&= \cos\theta + i\sin\theta
\end{aligned}
$$

すると、上式のように、それぞれがコサインとサインのテイラー展開に等しくなります。これが、オイラーの公式 $e^{i\theta} = \cos\theta + i\sin\theta$ です。

　また、このオイラーの公式を使うと、サインとコサインを$e^{i\theta}$と$e^{-i\theta}$を使って表せます。オイラーの公式から

$$
\begin{aligned}
e^{-i\theta} &= \cos(-\theta) + i\sin(-\theta) \\
&= \cos\theta - i\sin\theta
\end{aligned}
\qquad (7\text{-}11)
$$

となるので、もとのオイラーの公式である(7-9)式と足し合わせると、

$$e^{i\theta} + e^{-i\theta} = 2\cos\theta$$

となり、よって

$$\cos\theta = \frac{e^{i\theta} + e^{-i\theta}}{2} \tag{7-12}$$

が得られます。サインについても(7-9)式から(7-11)式を引いて $2i$ で割れば

$$\sin\theta = \frac{e^{i\theta} - e^{-i\theta}}{2i} \tag{7-13}$$

が得られます。

このオイラーの公式を使うと、複素数の極座標表示も、

$$a + ib = r(\cos\theta + i\sin\theta)$$
$$= re^{i\theta}$$

と書くことができます。また、複素共役は

$$a - ib = re^{-i\theta}$$

になります。

第7章 大学につながる数学——テイラー展開からさらに先へ

■ド・モアブルの定理

複素数 $z = a + ib$ (ただし a, b は実数) の指数関数 e^z をオイラーの公式を使って次式で表します。

$$e^z = e^{a+ib} \equiv e^a(\cos b + i \sin b)$$

指数が複素数である場合でも、指数が実数である場合と類似の公式が成り立ちます。例えば、2つの複素数を $z_1 = a_1 + ib_1$ と $z_2 = a_2 + ib_2$ とするとき (ただし、a_1, b_1, a_2, b_2 は実数)

$$e^{z_1}e^{z_2} = e^{z_1 + z_2} \tag{7-14}$$

が成り立ちます。

この式の証明には、まず実数の指数から計算を始めます。すると

$$e^{z_1}e^{z_2} = e^{a_1 + ib_1}e^{a_2 + ib_2}$$
$$= e^{a_1}e^{a_2}e^{ib_1}e^{ib_2} = e^{a_1 + a_2}e^{ib_1}e^{ib_2}$$

となり、$e^{ib_1}e^{ib_2}$ にオイラーの公式を使うと

$$= e^{a_1 + a_2}(\cos b_1 + i \sin b_1)(\cos b_2 + i \sin b_2)$$
$$= e^{a_1 + a_2}(\cos b_1 \cos b_2 + i \sin b_1 \cos b_2 + i \cos b_1 \sin b_2 - \sin b_1 \sin b_2)$$
$$= e^{a_1 + a_2}\{\cos b_1 \cos b_2 - \sin b_1 \sin b_2 + i(\sin b_1 \cos b_2 + \cos b_1 \sin b_2)\}$$

185

となり、これに(4-7)式と(4-8)式のコサインとサインの加法定理を使うと

$$= e^{a_1 + a_2}\{\cos(b_1 + b_2) + i\sin(b_1 + b_2)\}$$
$$= e^{a_1 + a_2} e^{i(b_1 + b_2)}$$
$$= e^{z_1 + z_2}$$

となることから証明できます。

この(7-14)式で $z = z_1 = z_2$ の場合には

$$(e^z)^2 = e^z e^z = e^{z+z} = e^{2z}$$

が成り立つことがわかりますが、同様に考えて

$$(e^z)^n = e^{nz} \tag{7-15}$$

も成り立つことがわかります。

(7-15)式で $z = i\theta$ の場合には、オイラーの公式を使うと、次式の関係が成り立ちます。

$$(\cos\theta + i\sin\theta)^n = (e^{i\theta})^n = e^{in\theta}$$
$$= \cos n\theta + i\sin n\theta \tag{7-16}$$

これを**ド・モアブルの定理**と呼びます。

ド・モアブルの定理から、三角関数のサインとコサイン

第7章　大学につながる数学──テイラー展開からさらに先へ

の**倍角の公式**を導くことも可能です。やってみましょう。
(7-16)式で $n = 2$ とすると

$$
\begin{aligned}
\cos 2\theta + i \sin 2\theta &= (\cos \theta + i \sin \theta)^2 \\
&= \cos^2 \theta + 2i \cos \theta \sin \theta - \sin^2 \theta \\
&= \cos^2 \theta - \sin^2 \theta + 2i \cos \theta \sin \theta
\end{aligned}
$$

となります。左辺と右辺の実部と虚部はそれぞれ等しくなければならないので、サインとコサインの倍角の公式の

$$
\cos 2\theta = \cos^2 \theta - \sin^2 \theta
$$

と

$$
\sin 2\theta = 2 \cos \theta \sin \theta
$$

が得られました。
　また、この2つの式からタンジェントの倍角の公式の

$$
\begin{aligned}
\tan 2\theta &= \frac{\sin 2\theta}{\cos 2\theta} \\
&= \frac{2 \cos \theta \sin \theta}{\cos^2 \theta - \sin^2 \theta} \\
&= \frac{\dfrac{2 \sin \theta}{\cos \theta}}{1 - \dfrac{\sin^2 \theta}{\cos^2 \theta}}
\end{aligned}
$$

187

$$= \frac{2\tan\theta}{1 - \tan^2\theta}$$

も得られます。

■複素指数関数の微分

　前節で登場した複素数の指数関数を、**複素指数関数**と呼びます。例えば、変数 $(a+ib)x$ が指数である

$$e^{(a+ib)x}$$

も複素指数関数です（a, b, xは実数とします）。

　この $e^{(a+ib)x}$ をxで微分することを考えてみましょう。と言っても、固くなる必要はありません。実は、コサインとサインの微分の知識だけで十分です。まず、指数を実数と虚数に分けて、積の微分公式を使います。すると、

$$\frac{d}{dx}e^{(a+ib)x} = \frac{d}{dx}\left(e^{ax}e^{ibx}\right)$$

$$= \left(\frac{d}{dx}e^{ax}\right)e^{ibx} + e^{ax}\frac{d}{dx}e^{ibx}$$

$$= a\,e^{ax}e^{ibx} + e^{ax}\frac{d}{dx}e^{ibx}$$

$$= a\,e^{(a+ib)x} + e^{ax}\frac{d}{dx}e^{ibx} \quad (7\text{-}17)$$

となります。よって、あとは

第7章　大学につながる数学——テイラー展開からさらに先へ

$$\frac{d}{dx} e^{ibx}$$

の微分を求めればよいわけです。複素数の微分では、実数と虚数を別々に微分します。したがって、オイラーの公式を使って、実数と虚数に分けてみます。すると、

$$\frac{d}{dx} e^{ibx} = \frac{d}{dx} (\cos bx + i \sin bx)$$
$$= \frac{d}{dx} \cos bx + i \frac{d}{dx} \sin bx$$

と書き直せます。右辺の微分は三角関数の微分なので

$$= -b \sin bx + ib \cos bx = ib (i \sin bx + \cos bx)$$
$$= ibe^{ibx}$$

となります。最後の行では再びオイラーの公式を使って指数関数の形に戻しています。これをまとめると

$$\frac{d}{dx} e^{ibx} = ibe^{ibx} \tag{7-18}$$

となります。これは、実数の指数関数の微分

$$\frac{d}{dx} e^{ax} = ae^{ax}$$

とほとんど同じ形をしています。指数から、変数x以外の

部分（前々式ではibで、前式ではa）を抜き出して前に付け足すだけです。よって、(7-17)式の続きに戻ると

$$\frac{d}{dx}e^{(a+ib)x} = ae^{(a+ib)x} + e^{ax}\frac{d}{dx}e^{ibx}$$
$$= ae^{(a+ib)x} + e^{ax}ibe^{ibx}$$
$$= ae^{(a+ib)x} + ibe^{(a+ib)x}$$
$$= (a+ib)e^{(a+ib)x} \qquad (7\text{-}19)$$

となります。つまり、この複素指数関数の微分でも、先ほどと同様に、指数から変数x以外の部分の $a+ib$ を取り出して前に付け足せばよいということになります。

■波を表すのに便利な虚数

　虚数は、物理学や工学でよく使われます。どのように使われるのか見ておきましょう。虚数が使われるのは、波を表すのに都合がよいからです。波には2種類あります。1つはずっと振動し続ける波で、もう1つは、だんだん小さくなっていく波（あるいはだんだん大きくなっていく波）、すなわち減衰する波（あるいは増大する波）です。振動する波の代表はサイン波で、図7-2の上図のように

$$\sin ax$$

で表されます（コサインでも振動する波を表せます）。

　では、もう1つの減衰する波とはどのような波でしょうか。例えば、音の波がコンクリートの壁を伝わる場合を考

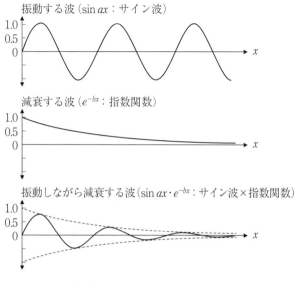

図7-2　振動する波、減衰する波、減衰振動の波

えてみましょう。音の波はコンクリートの壁を伝わるうちに、どんどん小さくなっていきます。これが減衰する波の一例です。コンクリートの中に深く進入するほど、音は小さくなることから、コンクリートの壁が厚いほど防音性能はよいということになります。マンションの壁が厚い方がよいのは、このためです。

マンションの壁の厚さをxとして音の大きさを表すには

$$e^{-bx}$$

という形の指数関数が適している場合が多いようです。図7-2中図のようにこの関数は、bが正の実数であれば、xが大きくなるほど小さくなっていくのが特徴です（bを負の実数にとれば、減衰とは逆に、xが大きくなるほど急に大きくなる波も表せます）。

　したがって、この2種類の波を表すには

$$\sin ax \quad \text{または} \quad \cos ax$$

という関数と

$$e^{-bx}$$

という関数が適していることがわかります。

　実際の波は振動しながら減衰する波であったり、振動しながら増大する波であったりする場合が多いのでこの2つの波を1つの式で表す必要があります。式としては簡単で、この2つの掛け算

$$\sin ax \cdot e^{-bx} \quad \text{または} \quad \cos ax \cdot e^{-bx}$$

で表せます。例えば、$a=1$ で $b=0$ の場合は振動する波、すなわちサイン波を表し、$a=0, b=1$ の場合は減衰波を表します。aとbがともに0ではない場合は、図7-2の下図のように振動しながら減衰する波（あるいは振動しながら増大する波）になります。

第7章　大学につながる数学——テイラー展開からさらに先へ

　これらの式はオイラーの公式を使えば、もっと簡単かつ便利に表せます。

$$\sin ax \cdot e^{-bx}$$

という波は、オイラーの公式を使えば

$$e^{i(a+ib)x} = e^{iax}e^{-bx}$$
$$= \cos ax \cdot e^{-bx} + i \sin ax \cdot e^{-bx}$$

の虚部（右辺の第2項）をとればよいということになります（ここで、aとbは実数です）。コサインで振動しながら減衰する波のときには実部（右辺の第1項）をとればよいのです。

　このように複素指数関数$e^{i(a+ib)x}$を使えば、波を簡単に表現できます。また、前節で見たように、微分もサインやコサインより複素指数関数の方が簡単なのです。このため複素指数関数は波を表す関数として科学の様々な分野で使われています。

■指数関数のフーリエ変換

　理系の大学生が大学1年か2年で習う数学の1つがフーリエ級数とフーリエ変換です。フーリエ級数は、様々な関数をサイン波の足し合わせで表せます。例えば図7-3の上段の方形波も図中の式が示すサイン波の足し算で表されます。図7-3の下段はサイン波の数を8つに制限した場合の

193

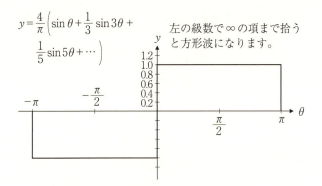

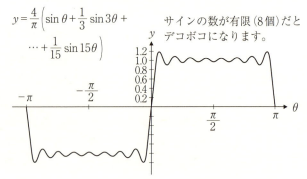

図7-3 方形波のフーリエ級数

フーリエ級数で、この場合は完全な方形波になっておらずデコボコが存在します。

フーリエ級数の対象は、この方形波のようにどこまでも続く周期的な波ですが、単一のパルス的な関数$f(x)$に対応するために生まれたのがフーリエ変換です。関数$f(x)$のフーリエ変換は次式で表されます。

第7章　大学につながる数学——テイラー展開からさらに先へ

$$F(k) = \frac{1}{\sqrt{2\pi}} \int_{-\infty}^{\infty} f(x) e^{-ikx} dx$$

このフーリエ変換の詳しい意味やこの式の導出などは拙著の『高校数学でわかるフーリエ変換』などをご覧ください。ここでは本書の知識でこのフーリエ変換の積分が扱えることを次の例で確かめてみましょう。

　例としては、図3-2の指数関数を扱ってみましょう。ただし、$\alpha \equiv \frac{1}{\tau}$ は正の実数であり、また、次式のように $x<0$ では $f(x)$ はゼロであるとします。

$$f(x) = \begin{cases} e^{-\alpha x} & x \geqq 0 \\ 0 & x < 0 \end{cases} \quad (\alpha > 0)$$

すでに見たように、この指数関数は、「減衰を表す関数」として、物理学や様々な科学分野で頻繁に使われています。

　このフーリエ変換を計算すると、

$$F(k) = \frac{1}{\sqrt{2\pi}} \int_{-\infty}^{\infty} f(x) e^{-ikx} dx$$
$$= \frac{1}{\sqrt{2\pi}} \int_{0}^{\infty} e^{-(\alpha+ik)x} dx$$
$$= \frac{-1}{\sqrt{2\pi}} \left[\frac{e^{-(\alpha+ik)x}}{\alpha+ik} \right]_{0}^{\infty}$$

となります。ここでαは正なので $x \to \infty$ のときは $e^{-\alpha x} \to 0$ となり、

195

$$= \frac{1}{\sqrt{2\pi}} \frac{1}{\alpha + ik}$$

となります。このように本書の知識で簡単に積分できます。

　この結果は、分母に虚数が残るという見慣れない格好をしています。この関数の理解を深めるために、$F(k)$ を実数部分と、虚数部分に分けてまとめてみましょう。そのために、$\alpha + ik$ の複素共役である $\alpha - ik$ を分母と分子に掛けます。すると、

$$\frac{1}{\sqrt{2\pi}} \frac{1}{\alpha + ik} = \frac{1}{\sqrt{2\pi}} \frac{\alpha - ik}{(\alpha + ik)(\alpha - ik)}$$
$$= \frac{1}{\sqrt{2\pi}} \frac{\alpha - ik}{\alpha^2 + k^2}$$

となり、

$$\mathrm{Re}\{F(k)\} = \frac{1}{\sqrt{2\pi}} \frac{\alpha}{\alpha^2 + k^2} \quad \text{実部} \qquad (7\text{-}20)$$

$$\mathrm{Im}\{F(k)\} = \frac{1}{\sqrt{2\pi}} \frac{-k}{\alpha^2 + k^2} \quad \text{虚部}$$

となります。ここでRe（リアル）とIm（イマジナリ）は、複素数の実部と虚部を表す記号です。この実部を変数kに関してグラフにすると（$\alpha = 2$ の場合）、図7-4のような形になります。

196

第7章 大学につながる数学——テイラー展開からさらに先へ

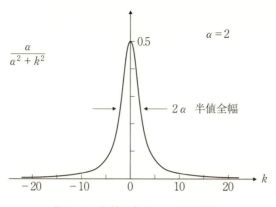

図7-4 指数関数のフーリエ変換

このように実部の $\dfrac{\alpha}{\alpha^2+k^2}$ は、左右対称の偶関数であり、これを**ローレンツ関数**と呼びます。このローレンツ関数のピークの高さは、(7-20)式に $k=0$ を代入すると求められて

$$\frac{1}{\sqrt{2\pi}}\frac{\alpha}{\alpha^2}=\frac{1}{\sqrt{2\pi}\,\alpha}$$

となります。このピークの半分の高さ $\left(\dfrac{1}{2\sqrt{2\pi}\,\alpha}\right)$ の位置での全幅(半値全幅と呼びます)は、次式を解いて求めると

$$\frac{1}{2\sqrt{2\pi}\,\alpha} = \frac{1}{\sqrt{2\pi}}\frac{\alpha}{\alpha^2+k^2}$$

$$\therefore k = \pm\alpha$$

となるので、2αになります。

　物理学や化学では様々な物質からの発光現象を分光器を使って調べて、そのスペクトルを測定します。このとき、図3-2のように指数関数で光の強度が時間的に減少する場合は、分光器で測ったスペクトルは図7-4のフーリエ変換の実部で表されます。図7-4のグラフの半値全幅は2αなので、スペクトルを測定して、その半値全幅を求めれば、減衰時定数τを $\tau = \dfrac{1}{\alpha}$ の関係から求められます。

　発光の時間的な減衰を直接測定する装置は、減衰が超高速である場合は高額になるので、このスペクトルから時定数を求める方法は様々な分野で広く使われてきました。

■デルタ関数

　新しい数学の概念を数学者だけが生み出すとは限りません。ニュートンが力学を構築する際に微積分を生み出したように、物理学が数学の発展を促すことが歴史上には度々ありました。また、オイラーやフーリエ、ガウスのように数学と物理学の両方に取り組んだ研究者も多数存在しました。物理学の世界では、20世紀になって量子力学の発展が始まりました。量子力学の創設に関わったイギリスの物理

第7章　大学につながる数学——テイラー展開からさらに先へ

学者ディラックが新しい関数を考え出しました。それが**デルタ（δ）関数**です。本節では、奇妙でおもしろいデルタ関数を見てみましょう。

　デルタ関数を理解するために図7-5の左上図のような階段状の関数を考えてみましょう。ただし、この階段の角はまるくなっていて、直角にはなっていないものとします。また、この関数の微分はその下の図のようにガウス関数になっているとします。また、このガウス関数の面積は1であるとします。

　デルタ関数もこのガウス関数のような柱状の関数で面積が1です。ただし、図7-5の右下の図のように、幅は無限に狭く、高さは無限に高いとします。また、この幅と高さには、面積が1であるという制限がつきます。$x=0$ に位置するデルタ関数を$\delta(x)$と書き、$x=a$ のところにあるデルタ関数を $\delta(x-a)$ で表すことにします。つまり、カッコの中がゼロになるx座標にデルタ関数が存在します。面積は1なので積分で書くと、

$$\int_{-\infty}^{\infty} \delta(x-a)\,dx = 1 \qquad (7\text{-}21)$$

です。また、デルタ関数は、図7-5の右上の図のような角が直角の階段関数の微分であるとします。図7-5の左上の図のような角がまるい階段状の関数の微分ではありません。この直角の階段関数を（単位）**階段関数**と呼びます。この関数はθを使って表して

199

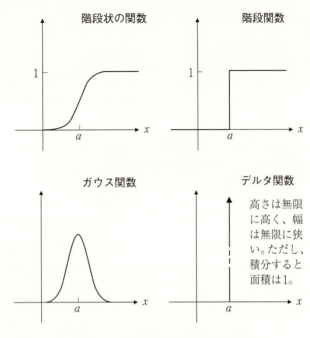

図7-5 デルタ関数と階段関数の関係

$$\theta(x-a) = \begin{cases} 0 & x<a \\ 1 & x>a \end{cases}$$

となっています。デルタ関数との関係を式で書くと

$$\frac{d\theta(x)}{dx} = \delta(x)$$

第7章　大学につながる数学——テイラー展開からさらに先へ

です。

　このデルタ関数は他にもおもしろい性質を持っています。ある関数$f(x)$にデルタ関数を掛けて積分してみましょう。積分範囲はpからqまでで、デルタ関数はこの間の $x=a$ にあるとします（$p < a < q$）。部分積分の公式を用いると

$$\int_p^q f(x)\delta(x-a)\,dx = \left[f(x)\theta(x-a)\right]_p^q - \int_p^q \frac{df(x)}{dx}\,\theta(x-a)\,dx$$

となります。階段関数は、$x < a$ でゼロなので右辺の第1項は $x=q$ の値だけが残ります。また、第2項では同じく階段関数の性質により、積分範囲が「pからqまで」から「aからqまで」に変わります。よって、

$$= f(q) - \int_a^q \frac{df(x)}{dx}\,dx$$

$$= f(q) - \left[f(x)\right]_a^q = f(a)$$

となります。まとめると、

$$\int_p^q f(x)\delta(x-a)\,dx = f(a) \quad (p < a < q) \qquad (7\text{-}22)$$

が得られます。つまり、デルタ関数がある場所$(x=a)$での関数$f(x)$の値$f(a)$が求まります。あたかも関数$f(x)$の、ある場所$(x=a)$のサンプルをとる（試料を採取する）ような働きをするわけです。

201

ここでは階段関数との関係でデルタ関数の説明を始めましたが、(7-21)式と(7-22)式がデルタ関数の定義です。このデルタ関数は従来の関数とは異なる性質を持っていて**超関数**と呼ばれています。

■複素数の変数による複素関数の微分

本章の最後に、複素数の変数による複素関数の微分を見ておきましょう。複素関数 $w = \phi + i\psi$ （ϕ（ファイ）と ψ（プサイ）は実数を与える関数）を複素数の変数 $z = x + iy$ で微分する場合には、どちらも複素数です。この微分 $\dfrac{dw}{dz}$ の定義は、

$$\frac{dw}{dz} = \lim_{\Delta z \to 0} \frac{\Delta w}{\Delta z} = \lim_{\Delta z \to 0} \frac{w(z + \Delta z) - w(z)}{\Delta z} \qquad (7\text{-}23)$$

というもので、微小な変化 Δz で、関数の微小な変化 Δw を割ったものです。複素平面上で、z の近傍に $z + \Delta z$ をとったとすると、$z + \Delta z$ の位置によって $\Delta z \to 0$ の近づき方が異なります（図7-6）。したがって、一般的には(7-23)式の値も異なるように思えます。しかし、(7-23)式の値が、近づく方向によらない関数も存在していて、それを、**正則関数**（または**解析関数**）と呼びます。

複素数の微分では、この $z + \Delta z$ が z に近づく方向によらずに(7-23)式が同じ値をとるときのみに「微分可能である」と表現します。また、この「微分可能であること」を「正則である」と表現します。

この複素関数が正則である（微分可能である）とする

202

第7章 大学につながる数学——テイラー展開からさらに先へ

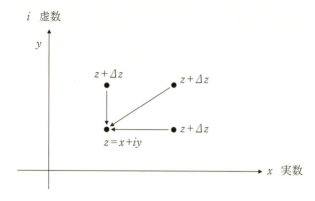

図7-6　$z+\Delta z$ の z への近づき方

と、(7-23)式の微分も $\Delta z \to 0$ の近づき方によらないことになります。例えば、yを固定して（よって $\Delta y=0$）xだけを変化させる微分

$$\frac{dw}{dz} = \lim_{\Delta z \to 0} \frac{\Delta w}{\Delta x + i\Delta y} = \lim_{\Delta x \to 0} \frac{\Delta w}{\Delta x} = \frac{\partial w}{\partial x} = \frac{\partial \phi}{\partial x} + i\frac{\partial \psi}{\partial x} \quad (7\text{-}24)$$

でも、逆にxは固定して（よって $\Delta x=0$）yだけを変化させる微分

$$\begin{aligned}\frac{dw}{dz} &= \lim_{\Delta z \to 0} \frac{\Delta w}{\Delta x + i\Delta y} = \lim_{\Delta y \to 0} \frac{\Delta w}{i\Delta y} = \frac{\partial w}{i\partial y} = \frac{\partial \phi}{i\partial y} + i\frac{\partial \psi}{i\partial y} \\ &= -i\frac{\partial \phi}{\partial y} + \frac{\partial \psi}{\partial y} \end{aligned} \quad (7\text{-}25)$$

でも、正則関数であれば、同じ値になる必要があります。

よって、(7-24)式と(7-25)式は等しいので

$$\frac{\partial \phi}{\partial x} + i\frac{\partial \psi}{\partial x} = -i\frac{\partial \phi}{\partial y} + \frac{\partial \psi}{\partial y}$$

が成り立ちます。この左辺と右辺の実部どうしと、虚部どうしは等しいので

$$\frac{\partial \phi}{\partial x} = \frac{\partial \psi}{\partial y} \tag{7-26}$$

$$\frac{\partial \psi}{\partial x} = -\frac{\partial \phi}{\partial y} \tag{7-27}$$

が得られます。この２つの式は、理系大学の１、２年で学ぶ数学の「複素関数論」で、**コーシー・リーマンの関係式**と呼ばれています。ここでは複素関数 $w = \phi + i\psi$ が正則（微分可能）であれば(7-26)式と(7-27)式が成り立つことを示しました。本書では割愛しますが、逆に(7-26)式と(7-27)式が成り立てば、複素関数wが正則であることも証明できます。

この複素関数の微分が大活躍している物理学の分野は、流体力学です。流体力学では速度ポテンシャルと呼ばれる関数をϕとし、流れ関数と呼ばれる関数をψとする複素関数（複素速度ポテンシャルと呼ばれます）を使って、２次元平面上のx方向やy方向の速度を求めます。関心のある方は拙著の『高校数学でわかる流体力学』をご覧ください。本書で習得した知識で容易に読み進められることでしょう。

第7章　大学につながる数学——テイラー展開からさらに先へ

　複素数の変数による複素数の関数の微分を覗いたところ
で、本書の旅を終えることにしましょう。

■ガウス

　ガウス積分やガウス平面に名を残したガウスは、1777年
にドイツのブラウンシュバイクに生まれました。オイラー
が亡くなったとき、ガウスは6歳だったので、両者が生前
に面会することはありませんでした。

　ガウスが「目から鼻に抜けるような神童」であったこと
はよく知られています。例えば、小学生の時に、教師が
「1から100までの足し算」の問題を出しました。他の子供
たちが、$1+2+3+\cdots$ の計算に躍起になっていたところ、
ガウスだけが何もしないで、涼しい顔をしていました。教
師がいぶかってガウスに声をかけました。すると、ガウス
は即座に、「答えは5050です」と答えました。このときガ
ウスが考えた計算方法とは、以下のようなものでした。ま
ず、1から100までの足し算を式に書くと

$$1+2+3+\cdots+50+51+\cdots+98+99+100$$

となります。ガウスは、この最初と最後の1と100を足す
と101になり、その次に2と99を足しても101になることに
即座に気づいたのです。この「和が101になるペア」は最
後の $50+51$ までで50個あるので、

$$101 \times 50 = 5050$$

205

と即座に答えたのでした。

　ガウスは1798年にゲッチンゲン大学を卒業しました。学生時代には、定規とコンパスで正17角形を作図できることを発見しました。1801年には『整数論研究』を出版して、ヨーロッパで広く名前を知られるようになりました。1807年にゲッチンゲン天文台長になり、生涯この職に留まりました。

　ガウスの時代は、研究を発表する制度が整っていないこともあって、ガウスは研究の全てを公表したわけではありませんでした。後にガウスが残した日記の調査によって、いくつかの研究においては、他の数学者たちの研究よりも、ガウスの方が早かったことが明らかになりました。ガウスは数学だけでなく、物理学でも活躍し、電磁気学の「ガウスの法則」と磁束密度の単位「ガウス」にも名前を残しています。

　ガウスは、歴史上の最も偉大な数学者の一人であると考えられていて、ガウスが述べた

数学は科学の女王である

という言葉は有名です。

　さて、これで大学での数学で重要なテイラー展開をマスターし、さらに虚数や複素指数関数とその微分の知識を習得しました。微分と積分は実用的な数学において最も重要

206

であり、科学や工学の様々な分野や、社会において最も活躍しています。本書で得た微分と積分の知識は、読者のこれからの人生においても大いに役立ってくれることでしょう。

本章で学んだ公式を以下にまとめておきましょう。

関数 $f(x)$ のテイラー展開

$x = x_0$ 近傍

$$f(x) = f(x_0) + \frac{1}{1!} f'(x_0)(x - x_0) + \frac{1}{2!} f''(x_0)(x - x_0)^2$$
$$+ \frac{1}{3!} f'''(x_0)(x - x_0)^3 + \cdots \qquad (7\text{-}3)$$

$x = 0$ 近傍

$$f(x) = f(0) + \frac{1}{1!} f'(0)x + \frac{1}{2!} f''(0)x^2 + \frac{1}{3!} f'''(0)x^3 + \cdots \quad (7\text{-}4)$$

$f(x) = e^x$ のテイラー展開

$x = x_0$ 近傍

$$e^x = e^{x_0} + e^{x_0}(x - x_0) + \frac{1}{2} e^{x_0}(x - x_0)^2 + \frac{1}{3!} e^{x_0}(x - x_0)^3 + \cdots \quad (7\text{-}5)$$

$x = 0$ 近傍

$$e^x = 1 + x + \frac{1}{2} x^2 + \frac{1}{3!} x^3 + \cdots \qquad (7\text{-}6)$$

サインとコサインのテイラー展開（$x_0 = 0$ 近傍）

$$\sin x = x - \frac{1}{3!} x^3 + \frac{1}{5!} x^5 - \cdots \qquad (7\text{-}7)$$

$$\cos x = 1 - \frac{1}{2!} x^2 + \frac{1}{4!} x^4 - \cdots \qquad (7\text{-}8)$$

簡単な計算でよく使われる近似

$$e^x \approx 1 + x$$
$$\sin x \approx x$$
$$\cos x \approx 1$$

虚数単位

$$i = \sqrt{-1}$$
$$i \times i = -1$$

オイラーの公式

$$e^{i\theta} = \cos \theta + i \sin \theta \qquad (7\text{-}9)$$

虚数の指数関数

$$e^{i\theta} = 1 + \frac{i\theta}{1!} + \frac{(i\theta)^2}{2!} + \frac{(i\theta)^3}{3!} + \cdots \qquad (7\text{-}10)$$

$a + ib = re^{i\theta}$ の複素共役

第7章 大学につながる数学——テイラー展開からさらに先へ

$$a - ib = re^{-i\theta}$$

複素数 $z_1 = a_1 + ib_1$ と $z_2 = a_2 + ib_2$ の演算

$$e^{z_1}e^{z_2} = e^{z_1 + z_2} \tag{7-14}$$

$$(e^z)^n = e^{nz} \tag{7-15}$$

ド・モアブルの定理

$$(\cos\theta + i\sin\theta)^n = \cos n\theta + i\sin n\theta \tag{7-16}$$

虚数の指数関数の微分

$$\frac{d}{dx}e^{ibx} = ibe^{ibx} \tag{7-18}$$

複素指数関数の微分

$$\frac{d}{dx}e^{(a+ib)x} = (a+ib)e^{(a+ib)x} \tag{7-19}$$

微積分と物理学4

複素指数関数の応用の実例——量子力学

　複素指数関数とその微分が大活躍する分野には、**量子力学**があります。19世紀の終わりに、電子や原子の領域に人間の知力の範囲が及び始めると、ガリレオとニュートンが切り開

いたニュートン力学では、電子や原子の振る舞いを説明でき
ないことがわかってきました。その謎の解明には何人もの天
才たちが挑みました。その中で、オーストリアのシュレディ
ンガー（1887〜1961）が新たな方程式を生み出したことによ
って、これらの微小な粒子の振る舞いの解明が大いに進みま
した。この方程式を**シュレディンガー方程式**と呼びます。

　この電子や原子の振る舞いを表す力学を量子力学と呼びま
すが、量子力学では、電子は粒子であるとともに波であると
考えます。ここではこの電子の空間的な波を関数

$$f(x) = Ae^{ikx}$$

で表すことにします。この関数を**波動関数**と呼びます。変数
xは、図7−2と同じく、空間的な位置の座標を表します。A
は波の振幅の大きさを表します。kは**波数**と呼ばれる定数
で、空間的に振動する波を表す場合はkは実数で「$k = \dfrac{2\pi}{波長}$」で定義されます。また、空間的に減衰する波を表す
場合は、kは虚数になります。

　このとき定常的に安定な電子の波が満たすのが、次式のシ
ュレディンガー方程式です（『高校数学でわかるシュレディ
ンガー方程式』p. 59）。

$$-\frac{\hbar^2}{2m}\frac{\partial^2}{\partial x^2}Ae^{ikx} + VAe^{ikx} = EAe^{ikx}$$

この式の数学的な構造を見てみると、左辺に2階の偏微分が
あることと、波の関数が複素指数関数であることが特徴であ

210

第7章　大学につながる数学——テイラー展開からさらに先へ

ることに気づきます。それらはすでに、本書で学んでいます。つまり、数学的にはもはやシュレディンガー方程式は読者の皆さんにとって難解な存在ではないということになります。

　次に定数を見ていくと、EはエネルギーでVはポテンシャルエネルギーと呼ばれる量です。また、mは質量で$\hbar$はプランク定数と呼ばれる量を2πで割ったものです。もちろんこれだけの解説ではシュレディンガー方程式の物理的な意味の理解は不十分でしょう。物理的な内容に興味がある方は拙著の『高校数学でわかるシュレディンガー方程式』をご覧ください。本書の知識を習得した後では、容易に量子力学の世界に踏み込んでいけることでしょう。

211

おわりに

　微分と積分は理学、工学それに経済学において最も重要な数学であることは間違いありません。本書を読破された読者の皆さんは、もはや微積分についての苦手意識に悩まされることはないでしょう。

　今から50年ぐらい前までは、一線級の科学者や技術者になるためには、本書よりはるかに多くの関数の微積分の公式を学ぶ必要がありました。しかし、過去半世紀以上にわたるコンピューターの発達によって、特殊な研究者を除いては、そのような高度な微積分の知識を学ぶ必要性は小さくなりました。コンピューターを使って数値計算と呼ばれる手法を使えば、かなりの計算が容易に行えるようになったからです。もちろん、逆にコンピューターについて学習すべきことは大幅に増えたという変化もあります。

　数学の発展は、特に物理学の発展と密接な関係を持ってきました。ニュートンやガウスのように、どちらの分野でも偉大な功績を残した科学者が多数存在します。読者の皆さんも本書の知識を習得した今では、物理学や関連分野を学ぶ際の障壁がそうとう低くなっていることでしょう。本書のコラムで紹介した拙著の『高校数学でわかるマクスウェル方程式』や『高校数学でわかるシュレディンガー方程

おわりに

式』などを手にとってご覧になると、数学の力が確実に上がっていることに気づくと思います。

『高校数学でわかる』シリーズは、現在物理や数学を学んでいる大学生や高校生の皆さんに多く利用されていますが、同時にまた、社会人や定年になった方々にも広く読まれています。私たちが生きているこの宇宙をどのような自然法則が支配し、その法則にどのような応用の可能性があるのか、あるいはまた人間社会の経済を支配する法則は何であるのか……、このような知的好奇心を抱いた方々にとって、宇宙や社会は謎に満ちたとてもおもしろい世界に見えることでしょう。本書が、そのような知的好奇心を抱いた方々の、次の歩みの一助となることを期待しています。

　最後になりましたが、本書もまた講談社の梓沢修氏にお世話になりました。ここに謝意を表します。

参考文献

『ライプニッツ著作集［2］数学論・数学』ゴットフリート・ヴィルヘルム・ライプニッツ著、下村寅太郎ほか監修、原亨吉ほか訳、工作舎、1997年

『数学者列伝 I　オイラーからフォン・ノイマンまで』I. ジェイムズ著、蟹江幸博訳、丸善出版、2005年

「無限小解析学をめぐる先取権論争：新たな数学史的視点」林知宏、学習院高等科紀要、1、pp. 85-105、2003年

「王政復古期の科学と郷士階級　―王立協会と好学者―」榛葉豊、静岡理工科大学紀要、18、pp. 85-92、2010年

「関孝和伝記史料再考　一関博物館蔵肖像画・「寛政12年関孝和略伝」・『断家譜』」城地茂、人間社会学研究集録、4、pp.57-75（2008）

O'Connor, John J.; Robertson, Edmund F., *MacTutor History of Mathematics archive*, University of St Andrews. http://www-history.mcs.st-and.ac.uk/

付録

■順列と組み合わせ

　順列（パーミュテーション）は、異なるn個からk個を取り出して並べる場合の「並べ方の個数」で、記号は$_nP_k$で表します。一例として、a , b , c , dの4つの文字から2つ取り出して並べるとすると、1つ目の取り出し方は、a , b , c , dの4種類です。2つ目の取り出し方は、1つ目がaの場合には、bかcかdの3種類です（他も同様です）。よって、順列の数は $4 \times 3 = 12$ です。数式で表すと、

$$_nP_k = n(n-1)\cdots(n-k+1) = \frac{n\,!}{(n-k)!}$$

となり、この例では、$n=4$ で $k=2$ です。

　次に、並べる順番を気にしないことにすると、abとbaは同じです。このように、異なるn個からk個を取り出す（順番を考慮しない）「とりだし方の個数」を、**組み合わせ**と呼びます。この例では、12を重複数の2で割って6になります。数式で表すと、$_nP_k$を重複数のk!で割って

$$_nC_k = \frac{_nP_k}{k\,!} = \frac{n\,!}{k\,!(n-k)!}$$

となります。

■もっと一般的な積分の変数変換

変数 x, y での積分

$$\int_{y_1}^{y_2} \int_{x_1}^{x_2} f(x, y) \, dx \, dy$$

の変数を x, y から u, v に変える場合を考えてみることにしましょう。このとき変数 x, y は変数 u, v の関数 $x(u, v)$, $y(u, v)$ と書けるとします。このとき積分される関数 $f(x, y)$ は

$$f(x, y) = f(x(u, v), y(u, v)) = g(u, v)$$

と表されるとします。

この積分の変数変換について最も簡単な場合から考えることにして、関数 $f(x, y) = 1$ の積分

$$\int_0^1 \int_0^1 f(x, y) \, dx \, dy = \int_0^1 \int_0^1 dx \, dy = 1$$

を考えます。また、変数（座標）変換として簡単な

$$x = 2u$$
$$y = v$$

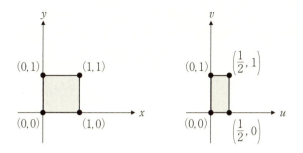

付録図 1

を考えましょう。

このとき xy 座標系での以下の各点は uv 座標系に以下のように変換されます。

xy 座標系 　　　　　　　　 uv 座標系
$(0,0), (0,1), (1,0), (1,1) \rightarrow (0,0), (0,1), \left(\frac{1}{2}, 0\right), \left(\frac{1}{2}, 1\right)$

なので、積分範囲は、付録図1のように変換されます。ここで、この右図に対応する面積の積分を求めると

$$\int_0^1 \int_0^{\frac{1}{2}} du\, dv = \frac{1}{2}$$

となるので、このままでは変数変換によって積分の結果が変わることになります。したがって、補正のための係数が必要なことに気づきます。これは、面積素片の実効的な大

きさがxy座標系とuv座標系で異なっているためです。

　xy座標系の面積素片とuv座標系の面積素片の関係をつないでいるのは次式の全微分の関係です。

$$dx = \frac{\partial x}{\partial u} du + \frac{\partial x}{\partial v} dv = 2du$$

$$dy = \frac{\partial y}{\partial u} du + \frac{\partial y}{\partial v} dv = dv$$

uv座標系の面積素片を付録図2のようにとり、面積の比を求めるために

$$d\boldsymbol{u} = (1, 0), \quad d\boldsymbol{v} = (0, 1)$$

とおきます。これらを全微分の式に代入すると

$$d\boldsymbol{u} = (du, dv) = (1, 0) \rightarrow (dx, dy) = \left(\frac{\partial x}{\partial u}, \frac{\partial y}{\partial u}\right) = (2, 0)$$

$$d\boldsymbol{v} = (du, dv) = (0, 1) \rightarrow (dx, dy) = \left(\frac{\partial x}{\partial v}, \frac{\partial y}{\partial v}\right) = (0, 1)$$

となります。つまり、uv座標系とxy座標系の面積素片の面積の比を求めるには、2つのベクトル$\left(\frac{\partial x}{\partial u}, \frac{\partial y}{\partial u}\right)$と$\left(\frac{\partial x}{\partial v}, \frac{\partial y}{\partial v}\right)$を辺とする長方形の面積を求めればよい（この場合は2）ということになります。

　変数変換がもっと複雑な場合には、この面積の部分は長

付録

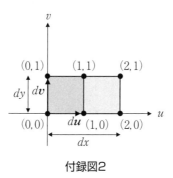

付録図2

方形にはならず平行四辺形になります。この平行四辺形の面積は(紙面の都合上、証明は割愛しますが)次の行列式 J で表されることがわかっていて

$$J \equiv \begin{vmatrix} \frac{\partial x}{\partial u} & \frac{\partial x}{\partial v} \\ \frac{\partial y}{\partial u} & \frac{\partial y}{\partial v} \end{vmatrix} = \frac{\partial x}{\partial u}\frac{\partial y}{\partial v} - \frac{\partial x}{\partial v}\frac{\partial y}{\partial u} = \begin{vmatrix} 2 & 0 \\ 0 & 1 \end{vmatrix} = 2$$

この行列式をヤコビアンと呼びます。したがって、一般的な変数変換での積分は以下のようになります。

$$\int_{y_1}^{y_2}\int_{x_1}^{x_2} f(x,y)\,dx\,dy = \int_{v_1}^{v_2}\int_{u_1}^{u_2} g(u,v)\,|J|\,du\,dv$$

さくいん

【数字】

2階微分	23
2項定理	43

【アルファベット】

P-V図	132

【あ行】

遺題継承	128
イマジナリ	196
インテグラル	105,117
上に凸	35
運動量	108
エネルギー	108
エントロピー	133
エントロピー増大の法則	134
オイラー数	77

【か行】

階乗	42,173
外積	161
解析関数	202
階段関数	199
ガウス関数	153

ガウス積分	152
ガウス分布	153
ガウス平面	181
加速度	21,54,111
傾き	14
加法定理	93
カルノーサイクル	132
関数	14
関数の積の微分公式	45
関数の和の微分公式	44
奇関数	146
極座標系	149
極小	33
極大	32
虚軸	181
虚数	179
虚数単位	180
虚部	180
距離	54
偶関数	146
組み合わせ	41
原始関数	119
項	35
高次の項	175
合成関数	48
合成関数の微分公式	49
コーシー・リーマンの関係式	
	204

220

さくいん

弧度法	89

【さ行】

差	16,18
最小	34
最大	34
三平方の定理	87
シグマ	117
指数	24,58
次数	24
指数関数	63
自然対数	74
自然対数の底	64,77
下に凸	35
実軸	181
実数	179
実部	180
時定数	66
シュレディンガー方程式	210
常用対数	74
真数	67
スカラー	160
正規分布	153
正則関数	202
積分	117
積分定数	119
線積分	160
全微分	100
速度	16,54

【た行】

体積素片	156
多項式	35
単位ベクトル	161
単項式	35
置換積分の公式	135
超関数	202
直交座標系	149
底	63
ディグリー	88
定積分	118
テイラー展開	171
デシベル	82
デルタ（δ）関数	199
電磁気学	169
電磁誘導の法則	170
等加速度運動	112
導関数	21
統計力学	134
等速度運動	111
ド・モアブルの定理	186

【な行】

内積	161
ナチュラルロガリズム	76
ニュートンの運動方程式	107
ニュートン力学	54,107
ネイピア数	64,74,77
ネイピアの骨	81
熱力学	132

【は行】

倍角の公式	187
波数	210
パスカル	84
波動関数	210
半値全幅	197
被積分関数	119
微分	19
比例関係	12
ファンクション	14
複素関数	202
複素共役	182
複素指数関数	188
複素数	180
複素平面	181
不定積分	118
部分積分の公式	142
フーリエ級数	193
フーリエ変換	193
平方根	61,179
ベクトル	160
変化	16
偏角	181
変数	11
偏微分	99
ボルツマンの原理	134

【ま行】

マクスウェル方程式	169
マグニチュード	82
無次元量	88

面積素	150
面積素片	150

【ら行】

ラジアン	88
リアル	196
量子力学	209
累乗	24
累乗根	61
ローレンツ関数	197

N.D.C.413.3　222p　18cm

ブルーバックス　B-2043

理系のための微分・積分復習帳
高校の微積分からテイラー展開まで

2017年12月20日　第1刷発行
2023年 4 月18日　第6刷発行

著者　　竹内　淳

発行者　鈴木章一

発行所　株式会社講談社
　　　　〒112-8001　東京都文京区音羽2-12-21

電話　　出版　03-5395-3524
　　　　販売　03-5395-4415
　　　　業務　03-5395-3615

印刷所　（本文印刷）株式会社新藤慶昌堂
　　　　（カバー表紙印刷）信毎書籍印刷株式会社

製本所　株式会社国宝社

定価はカバーに表示してあります。
© 竹内　淳　2017, Printed in Japan
落丁本・乱丁本は購入書店名を明記のうえ、小社業務宛にお送りください。送料小社負担にてお取替えします。なお、この本についてのお問い合わせは、ブルーバックス宛にお願いいたします。
本書のコピー、スキャン、デジタル化等の無断複製は著作権法上での例外を除き禁じられています。本書を代行業者等の第三者に依頼してスキャンやデジタル化することはたとえ個人や家庭内の利用でも著作権法違反です。
Ⓡ〈日本複製権センター委託出版物〉複写を希望される場合は、日本複製権センター（電話03-6809-1281）にご連絡ください。

ISBN978-4-06-502043-2

発刊のことば

科学をあなたのポケットに

二十世紀最大の特色は、それが科学時代であるということです。科学は日に日に進歩を続け、止まるところを知りません。ひと昔前の夢物語もどんどん現実化しており、今やわれわれの生活のすべてが、科学によってゆり動かされているといっても過言ではないでしょう。

そのような背景を考えれば、学者や学生はもちろん、産業人も、セールスマンも、ジャーナリストも、家庭の主婦も、みんなが科学を知らなければ、時代の流れに逆らうことになるでしょう。ブルーバックス発刊の意義と必然性はそこにあります。このシリーズは、読む人に科学的に物を考える習慣と、科学的に物を見る目を養っていただくことを最大の目標にしています。そのためには、単に原理や法則の解説に終始するのではなくて、政治や経済など、社会科学や人文科学にも関連させて、広い視野から問題を追究していきます。科学はむずかしいという先入観を改める表現と構成、それも類書にないブルーバックスの特色であると信じます。

一九六三年九月

野間省一